"十四五"时期国家重点出版物出版专项规划项目

• 6G 前沿技术丛书

面向6G的全双工通信系统自干扰信号处理关键技术

吴 荻 王景尧 / 著

北京理工大学出版社
BEIJING INSTITUTE OF TECHNOLOGY PRESS

版权专有　侵权必究

图书在版编目(CIP)数据

面向6G的全双工通信系统自干扰信号处理关键技术／吴荻，王景尧著. -- 北京：北京理工大学出版社，2023.10

ISBN 978-7-5763-2944-5

Ⅰ.①面… Ⅱ.①吴… ②王… Ⅲ.①通信系统-信号处理 Ⅳ.①TN911.72

中国国家版本馆CIP数据核字(2023)第193182号

责任编辑：王玲玲　　**文案编辑**：王玲玲
责任校对：刘亚男　　**责任印制**：李志强

出版发行 ／ 北京理工大学出版社有限责任公司
社　　　址 ／ 北京市丰台区四合庄路6号
邮　　　编 ／ 100070
电　　　话 ／ (010) 68944439（学术售后服务热线）
网　　　址 ／ http://www.bitpress.com.cn

版 印 次 ／ 2023年10月第1版第1次印刷
印　　刷 ／ 廊坊市印艺阁数字科技有限公司
开　　本 ／ 710 mm×1000 mm　1/16
印　　张 ／ 11.25
字　　数 ／ 188千字
定　　价 ／ 68.00元

图书出现印装质量问题，请拨打售后服务热线，负责调换

前言

未来通信技术的发展主要需要解决无线通信业务量爆炸式增长与频谱资源短缺之间的外在矛盾,其驱动着无线通信理论与技术的内在变革。由于无线频谱资源的稀缺特性,其逐渐成为无线通信技术发展的"瓶颈"。同时,同频全双工通信(本书中简称"全双工通信")技术由于提高了无线通信系统频谱资源的利用率,已成为学术界和工业界共同关心的一个重要问题。

自干扰信号能否被消除成为能否实现无线全双工通信的关键。自干扰信号消除方案主要为空域的被动消除方案、模拟域的主动消除方案和数字域的数字消除方案。其中,现有的多天线被动消除方案对发送天线和接收天线的隔离度要求较高,这限制了设备的尺寸;现有的数字消除方案在高发送功率下性能会严重下降,这限制了全双工通信的距离和发送功率;现有的方案都各自独立,没有充分利用自干扰信道的状态信息。双向中继信道作为典型的通信拓扑结构已得到了广泛的研究。现有的研究多集中在全双工中继的情况,即只有中继节点工作在全双工模式,而终端节点工作在半双工模式。

本书从新的自干扰信号消除机制、低复杂度全双工通信系统构建及全双工的双向中继信道信息交换机制三个方面研究了全双工通信系统中自干扰信号处理的关键技术,并尝试分析了全双工在6G的应用场景。

本书主要论述了如下内容:

(1) 针对现有的多天线全双工通信系统中被动消除方

案在收发天线隔离度上的局限性，提出了一种基于多径反射的被动消除方法，推导了该方法下接收信号功率在平面空间的表达式，并给出了寻找接收天线最佳位置的方法。该方法仅利用两根天线及一块外置反射板进行被动消除，并对两根天线之间的物理距离在理论上没有严格要求，突破了终端的物理尺寸限制。

（2）针对现有的全双工通信系统中的线性数字消除方法的局限性，提出了一种基于牛顿法的非线性数字消除方法。本书首先针对实验设备中典型的自干扰通信链路进行数学建模，纳入了功放引入的非线性噪声、模数转换中的量化噪声、相位噪声及多径效应模型。其次，探讨了自干扰信号非线性建模的最佳多项式形式。最终，实验结果表明，所提出的非线性数字消除方法很好地解决了以往数字消除方法在大发送功率时性能下降的问题。

（3）针对现有的自干扰信号消除方法在不同域内互相独立的方案的局限性，提出了一种利用自干扰信道的状态信息的联合被动消除和数字消除的机制。由于被动消除方法的引入会改变自干扰信道的状态信息，本机制利用该状态信息作为依据，以调整数字消除部分的滤波器阶数，平衡数字消除方法的性能和计算复杂度。

（4）利用无线开放可编程研究平台，设计了一套低复杂度的全双工通信系统。该通信系统可以仅依靠被动消除和数字消除方案进行全双工通信。本书完成了该系统的同步方案、数字消除方案、帧格式设计方案、相位噪声消除方案，并在相同环境下，与半双工通信系统进行了分析对比。实验结果表明，该系统在一定的发送功率和通信距离下的系统表现优于半双工通信系统。

（5）针对目前双向中继信道下节点工作在半双工状态下的局限性，提出了终端节点和中继节点皆工作在全双工状态下的两种信息交换机制：解码转发机制和放大转发机制。讨论了全双工技术的引入给该模型带来的系统吞吐量增益，并考虑了对称信道和非对阵信道两种情况。仿真结果表明，所提出的两种机制在一定的信噪比条件和交换比特的条件下，优于已有的双向中继信道下的信息交换机制。

目 录 CONTENTS

第1章 引言 ... 1
- 1.1 本书的研究背景及意义 ... 1
- 1.2 6G总体愿景与潜在关键技术 ... 3
- 1.3 6G典型场景和关键能力 ... 7
- 1.4 全双工技术国内外研究现状 ... 7
- 1.5 本书研究内容 ... 19
- 1.6 本书组织结构 ... 21

第2章 全双工无线通信基本知识 ... 22
- 2.1 引言 ... 22
- 2.2 无线通信基本原理 ... 22
  - 2.2.1 调制与解调 ... 22
  - 2.2.2 数模/模数转换 ... 28
  - 2.2.3 天线与电波 ... 30
  - 2.2.4 无线信号传播 ... 37
  - 2.2.5 自适应滤波器 ... 42
  - 2.2.6 多址技术 ... 44
  - 2.2.7 MAC协议 ... 49
- 2.3 自干扰信号抑制 ... 52
  - 2.3.1 被动消除方案 ... 52

2.3.2 主动消除方案 ····· 55
2.3.3 数字消除方案 ····· 59
2.4 节点间干扰抑制 ····· 62
2.5 全双工系统容量分析 ····· 64
2.6 全双工 MAC 协议设计 ····· 65
2.7 本章小结 ····· 66

第 3 章 自干扰信号消除方案 ····· 67

3.1 引言 ····· 67
3.2 基于多径反射的被动消除方法 ····· 67
    3.2.1 理论分析 ····· 67
    3.2.2 实验结果 ····· 70
3.3 基于牛顿法的非线性数字消除方法 ····· 77
    3.3.1 自干扰信号基带通信链路模型 ····· 77
    3.3.2 基于牛顿法的非线性数字消除方法总述 ····· 81
    3.3.3 基于递归最小二乘算法的线性部分初值估计 ····· 82
    3.3.4 基于牛顿法的迭代全局系数求解 ····· 84
    3.3.5 数字消除实验结果 ····· 87
3.4 联合被动消除和数字消除机制 ····· 93
    3.4.1 联合消除机制的基础 ····· 93
    3.4.2 联合消除机制的具体阐述 ····· 94
    3.4.3 实验结果 ····· 96
3.5 本章小结 ····· 98

第 4 章 低复杂度无线全双工通信系统原型 ····· 99

4.1 引言 ····· 99
4.2 实验平台简要介绍 ····· 101
    4.2.1 WARP V3 介绍 ····· 101
    4.2.2 WARPLab 介绍 ····· 103
4.3 系统设计方案 ····· 105
    4.3.1 系统总述 ····· 105
    4.3.2 同步方案 ····· 106
    4.3.3 帧格式 ····· 107
    4.3.4 载波偏移消除方案 ····· 108

4.4 实验结果 ··· 109
    4.4.1 被动消除性能实验结果 ·· 110
    4.4.2 总消除性能实验结果 ·· 112
    4.4.3 系统速率实验结果 ·· 113
4.5 本章小结 ··· 117

第 5 章 全双工的双向中继信道信息交换机制 ·· 118

5.1 引言 ··· 118
5.2 模型建立 ··· 121
5.3 全双工译码转发方案分析 ·· 123
5.4 全双工放大转发方案分析 ·· 128
5.5 仿真结果 ··· 132
5.6 本章小结 ··· 137

第 6 章 全双工在 6G 的应用场景分析 ··· 138

6.1 6G 发展驱动力及典型特征 ·· 138
6.2 6G 市场趋势 ·· 139
6.3 6G 关键能力 ·· 140
6.4 全双工在 6G 中的应用场景 ··· 141
    6.4.1 超级无线大带宽场景 ·· 141
    6.4.2 超大规模连接的场景 ·· 142

第 7 章 总结与展望 ··· 143

7.1 总结 ·· 143
7.2 展望 ·· 145

缩略词表 ··· 148

插图索引 ··· 150

表格索引 ··· 153

参考文献 ··· 154

第 1 章 引　　言

1.1　本书的研究背景及意义

　　未来通信技术发展主要需要解决无线通信业务量爆炸式增长与频谱资源短缺之间的外在矛盾，其驱动着无线通信理论与技术的内在变革。频谱资源作为无线通信中一种重要的资源，逐渐成为无线通信技术发展的"瓶颈"。如何提高无线通信系统频谱资源的利用率，逐渐成为国内外研究者的研究热点。

　　在当前无线通信领域中，主要利用时间资源的不相关性或频谱资源不相关性来区分上行信道和下行信道，这在一定程度上制约了时间资源与频谱资源的利用效率。普遍采用的双工方式可分为频分双工（Frequency Division Duplex，FDD）和时分双工（Time Division Duplex，TDD）两种。其中，第三代移动通信技术中的宽带码分多址技术（Wideband Code Division Multiple Access，WCDMA）和第四代移动通信技术中的频分双工长期演进技术（Frequency Division Duplex Long Term Evolution，FDD-LTE）中所采用的双工方式为频分双工技术，第三代移动通信技术中的时分同步码分多址技术（Time Division-Synchronous Code Division Multiple Access，TD-SCDMA）和时分双工长期演进技术（Time Division Long Term Evolution，TDD-LTE）中所采用的双工方式为时分双工技术。

　　如图 1.1 所示，FDD 技术指终端节点利用不同的频谱资源同时进行传输，当数据业务为非对称时，其频谱利用率会降低。具体而言，FDD 技术有以下优点：

　　（1）由于发送频带和接收频带有一定的间隔，因此可以大大提高抗干扰能力。

　　（2）使用方便，不需要控制收发的操作，特别适合无线电话系统使用，便于与公众电话网接口。

（3）适用于多频道同时工作的系统。

（4）适用于宏小区、较大功率、高速移动覆盖。

其最大的缺点是上下行频谱中间有一定带宽的保护间隔，其会降低频谱的利用率。

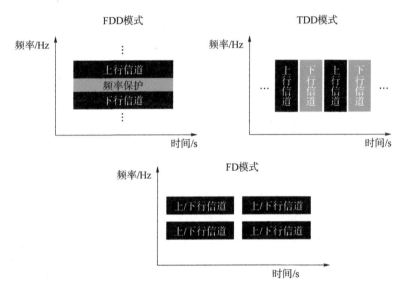

图 1.1　三种双工模式对比示意图

TDD 技术是指终端节点采用相同频率利用不同时间进行双向传输。其可以根据实际情况灵活地分配信道的上下行链路，对于非对称业务，可以有效地利用频谱资源。具体而言，TDD 技术有以下优点：

（1）易于使用非对称频段，无须具有特定双工间隔的成对频段。

TDD 技术不需要成对的频谱，可以利用 FDD 无法利用的不对称频谱，结合 TD-SCDMA 低码片速率的特点，在频谱利用上可以做到"见缝插针"。只要有一个载波的频段就可以使用，就能够灵活地利用现有的频率资源。移动通信系统面临的一个重大问题就是频谱资源的极度紧张，在这种条件下，要找到符合要求的对称频段非常困难，因此 TDD 模式在频率资源紧张的今天特别受重视。

（2）适应用户业务需求，灵活配置时隙，优化频谱效率。

TDD 技术调整上下行切换点来自适应调整系统资源，从而增加系统下行容量，使系统更适于开展不对称业务。

（3）上行和下行使用相同载频，故无线传播是对称的，有利于智能天线技术的实现。

时分双工 TDD 技术是指上下行在相同的频带内传输，也就是说，具有上下行信道的互易性，即上下行信道的传播特性一致，因此，可以利用通过上行信道估计的信道参数，使智能天线技术、联合检测技术更容易实现。通过将上行信道估计参数用于下行波束赋形，有利于智能天线技术的实现。通过信道估计得出系统矩阵，用于联合检测区分不同用户的干扰。

（4）无须笨重的射频双工器，基站小巧，降低成本。

由于 TDD 技术上下行的频带相同，无须进行收发隔离，可以使用单片 IC 实现收发信机，降低系统成本。

但是，TDD 系统对于同步的要求很高，在小区内多用户之间可能会造成拥塞和碰撞，在用户之间产生干扰，一定程度上降低了通信的效率。

文献[1]曾经指出，无线通信系统中的同时同频全双工通信（Co-Frequency Co-Time Full-Duplex，CCFD）是不可能实现的，这是因为存在功率很大的自干扰信号。但随着半导体器件技术及信号处理技术的快速发展，无线全双工通信技术的实现逐渐成为可能，得到了研究者们的重视，并在近年来成为研究热点。无线通信系统中的全双工通信指通信终端节点在同一时间可以利用同一频率进行发送和接收。其既可以充分利用频率资源，又可以充分利用时间资源。相比半双工通信，其在理论上可以提高一倍的频谱利用率。即在相同的频谱资源下，该技术可以提升一倍的系统吞吐速率，且极大限度地提升了网络和设备收发设计的自由度，可以消除 FDD 和 TDD 差异性，具备潜在的网络频谱效率提升能力，适合频谱紧缺和碎片化的多种通信场景。

基于此，由我国 IMT-2030（6G）推进组发布的《6G 总体愿景与潜在关键技术白皮书》中，已将其纳入 6G 的关键技术当中。

1.2　6G 总体愿景与潜在关键技术

2021 年 6 月 6 日，中国信通院 IMT-2030（6G）推进组发布《6G 总体愿景与潜在关键技术白皮书》[2]。内容涵盖 6G 总体愿景、八大业务应用场景、十大潜在关键技术等，并阐述了对 6G 发展的一些思考。

- 6G 总体愿景层面

白皮书指出，随着 5G 大规模商用，全球业界已开启对下一代移动通信技术（6G）的研究探索。面向 2030 年及未来，人类社会将进入智能化时代，社会服务均衡化、高端化、社会治理科学化、精准化、社会发展绿色化、节能化将成为未来社会的发展趋势。从移动互联，到万物互联，再到万物智联，6G

将实现从服务于人、人与物，到支撑智能体高效连接的跃迁，通过人机物智能互联、协同共生，满足经济社会高质量发展需求，服务智慧化生产与生活，推动构建普惠智能的人类社会。

在数学、物理、材料、生物等多类基础学科的创新驱动下，6G 将与先进计算、大数据、人工智能、区块链等信息技术交叉融合，实现通信与感知、计算、控制的深度耦合，成为服务生活、赋能生产、绿色发展的基本要素。6G 将充分利用低中高全频谱资源，实现空天地一体化的全球无缝覆盖，随时随地满足安全可靠的"人机物"无限连接需求。

6G 将提供完全沉浸式交互场景，支持精确的空间互动，满足人类在多重感官，甚至情感和意识层面的联通交互，通信感知和普惠智能不仅提升传统通信能力，也将助力实现真实环境中物理实体的数字化和智能化，极大地提升信息通信服务质量。

6G 将构建人机物智慧互联、智能体高效互通的新型网络，在大幅提升网络能力的基础上，具备智慧内生、多维感知、数字孪生、安全内生等新功能。6G 将实现物理世界人与人、人与物、物与物的高效智能互联，打造泛在精细、实时可信、有机整合的数字世界，实时、精确地反映和预测物理世界的真实状态，助力人类走进人机物智慧互联、虚拟与现实深度融合的全新时代，最终实现"万物智联、数字孪生"的美好愿景。

- 6G 发展的宏观驱动力方面

到 2030 年，社会服务均衡化、高端化，社会治理科学化、精细化等发展需求将驱动 6G 为人类社会提供全域覆盖、虚实共生的连接能力；技术产业的突破创新、生产方式的转型升级将驱动 6G 向跨界协同、细智高精的方向迈进，成为推动经济增长的新引擎；环境可持续发展以及应对重大突发性事件的需求将推动 6G 构筑起横跨天地的网络连接，实现从人口覆盖走向地理全覆盖。

白皮书指出，社会结构变革、经济高质量发展、环境可持续发展，这三大需求是 6G 发展的宏观驱动力。

一方面，收入结构失衡要求数字技术提升普惠包容。人口结构失衡呼唤数字技术提升人力资本及配置效率。社会治理结构变化倒逼社会治理能力现代化。另一方面，经济可持续发展需要新技术注入新动能。服务的全球化趋势要求进一步降低全方位信息沟通成本。

同时，降低碳排放、推动"碳中和"要求提升能效、实现绿色发展。极端天气、疫情等重大事件驱动建立更广泛的感知能力和更密切的智能协同能力。

- 6G 潜在应用场景层面

白皮书指出，面向 2030 年及未来，6G 网络将助力实现真实物理世界与虚拟数字世界的深度融合，构建万物智联、数字孪生的全新世界。沉浸式云 XR、全息通信、感官互联、智慧交互、通信感知、普惠智能、数字孪生、全域覆盖等全新业务在人民生活、社会生产、公共服务等领域的广泛深入应用，将更好地支撑经济高质量发展需求，进一步实现社会治理精准化、公共服务高效化、人民生活多样化，推动在更高层次上践行以人民为中心的发展理念，满足人们精神和物质的全方位需求，持续提升人民群众的获得感、幸福感和安全感。

未来 6G 业务将呈现出沉浸化、智慧化、全域化等新发展趋势，形成沉浸式云 XR、全息通信、感官互联、智慧交互、通信感知、普惠智能、数字孪生、全域覆盖八大业务应用为我们描绘未来丰富多彩的社会生活场景。

- 6G 潜在关键技术

白皮书指出，为满足未来 6G 更加丰富的业务应用以及极致的性能需求，需要在探索新型网络架构的基础上，在关键核心技术领域实现突破。当前，全球业界对 6G 关键技术仍在探索中，提出了一些潜在的关键技术方向以及新型网络技术。

白皮书指出并总结了 6G 十大潜在关键技术方向，包括内生智能的新空口和新型网络架构，增强型无线空口技术、新物理维度无线传输技术、新型频谱使用技术、通信感知一体化技术等新型无线技术，分布式网络架构、算力感知网络、确定性网络、星地一体融合组网、网络内生安全等新型网络技术。

其中，在增强型无线空口技术中，主要包括无线空口物理层基础技术、超大规模 MIMO 技术及带内全双工技术。

在无线空口物理层基础技术方面

6G 应用场景更加多样化，性能指标更为多元化，为满足相应场景对吞吐量/时延/性能的需求，需要对空口物理层基础技术进行针对性的设计。

在调制编码技术方面，需要形成统一的编译码架构，并兼顾多元化通信场景需求。例如，极化（Polar）码在非常宽的码长/码率取值区间内都具有均衡且优异的性能，通过简洁统一的码构造描述和编译码实现，可获得稳定可靠的性能。极化码和准循环低密度奇偶校验（LDPC）码都具有很高的译码效率和并行性，适合高吞吐量业务需求。

在新波形技术方面，需要采用不同的波形方案设计来满足 6G 更加复杂多变的应用场景及性能需求。例如，对于高速移动场景，可以采用能够更加精确刻画时延、多普勒等维度信息的变换域波形；对于高吞吐量场景，可以采用超奈奎斯特采样（FTN）、高谱效频分复用（SEFFM）和重叠 X 域复用（OVXDM）等超奈奎斯特系统来实现更高的频谱效率。

在多址接入技术方面，为满足未来 6G 网络在密集场景下低成本、高可靠和低时延的接入需求，非正交多址接入技术将成为研究热点，并将会从信号结构和接入流程等方面进行改进和优化。通过优化信号结构，提升系统最大可承载用户数，并降低接入开销，满足 6G 密集场景下低成本高质量的接入需求。通过接入流程的增强，可满足 6G 全业务场景、全类型终端的接入需求。

在超大规模 MIMO 技术方面

超大规模 MIMO 技术是大规模 MIMO 技术的进一步演进升级。天线和芯片集成度的不断提升将推动天线阵列规模的持续增大，通过应用新材料，引入新的技术和功能（如超大规模口径阵列、可重构智能表面（RIS）、人工智能和感知技术等），超大规模 MIMO 技术可以在更加多样的频率范围内实现更高的频谱效率、更广更灵活的网络覆盖、更高的定位精度和更高的能量效率。

超大规模 MIMO 具备在三维空间内进行波束调整的能力，除地面覆盖之外，还可以提供非地面覆盖，如覆盖无人机、民航客机甚至低轨卫星等。随着新材料技术的发展，以及天线形态、布局方式的演进，超大规模 MIMO 将与环境更好地融合，进而实现网络覆盖、多用户容量等指标的大幅度提高。分布式超大规模 MIMO 有利于构造超大规模的天线阵列，网络架构趋近于无定形网络，有利于实现均匀一致的用户体验，获得更高的频谱效率，降低系统的传输能耗。

此外，超大规模 MIMO 阵列具有极高的空间分辨能力，可以在复杂的无线通信环境中提高定位精度，实现精准的三维定位；超大规模 MIMO 的超高处理增益可有效补偿高频段的路径损耗，能够在不增加发射功率的条件下提升高频段的通信距离和覆盖范围；引入人工智能的超大规模 MIMO 技术有助于在信道探测、波束管理、用户检测等多个环节实现智能化。超大规模 MIMO 所面临的挑战主要包括成本高、信道测量与建模难度大、信号处理运算量大、参考信号开销大和前传容量压力大等问题，此外，低功耗、低成本、高集成度天线阵列及射频芯片是超大规模 MIMO 技术实现商业化应用的关键。

在带内全双工技术方面

带内全双工技术被作为 6G 关键候选技术。全双工技术的核心是自干扰抑制，从技术产业成熟度来看，小功率、小规模天线单站全双工已经具备实用化的基础，中继和回传场景的全双工设备已有部分应用，但大规模天线基站全双工组网中的站间干扰抑制、大规模天线自干扰抑制技术还有待突破。在部件器件方面，小型化高隔离度收发天线的突破将会显著提升自干扰抑制能力，射频域自干扰抑制需要的大范围可调时延芯片的实现会促进大功率自干扰抑制的研究。在信号处理方面，大规模天线功放非线性分量的抑制是目前数字域干扰消除技术的难点，信道环境快速变化情况下，射频域自干扰抵消的收敛时间和鲁棒性也会影响整个链路的性能。

1.3 6G 典型场景和关键能力

同时，在 2022 年 7 月 24 日，数字中国峰会"5G 应用及 6G 愿景"分论坛在福建省福州市召开，论坛中，IMT-2030（6G）推进组发布了《6G 典型场景和关键能力》白皮书[3]。白皮书聚焦 6G 总体愿景需求，研判 6G 发展驱动力，预测 6G 市场趋势，凝练 6G 五大典型场景，设计 6G 关键能力指标，充分展现我国 6G 阶段性研究成果。

1.4 全双工技术国内外研究现状

同时同频全双工通信技术（以下简称"全双工通信"）起步于 2009 年。实现该技术的关键在于自干扰信号能否被消除。

如图 1.2 所示，由于通信终端节点工作在全双工状态下，其在相同频段同时发送和接收信号。故其发送的信号会被自身的接收天线接收到，该信号被称为自干扰信号。由于发送天线和接收天线的距离很近，自干扰信号的功率会比有用信号功率强数十甚至上百分贝。因此，如何正确地估计自干扰信道，重建自干扰信号，消除自干扰信号，成为研究全双工通信的重要研究热点。从 2009 年微软的 Microsoft Research[4] 开始，全双工吸引了大批国内外顶尖大学的科研工作者。目前国外主要有 Rice University[5-14]、Stanford University[15-18]、Tampere University of Technology[19-24]、University of California[25-27]、University of Texas at Austin[28]、Carnegie Mellon University[29]、University of Illinois at Urbana-Champaign[30]、Massachusetts Institute of Technology[31]。国内主要有北京大学[32]、电子科技大学[33]、北京科技大学[34,35]、北京航空航天大学[36]、浙江大学[37]等大学进行相关研究。如文献[38]所述，多项研究都验证了全双工技术的优越性，具体包括：

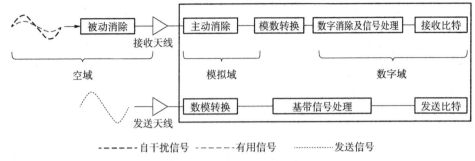

图 1.2 全双工通信系统框图

- 信道容量翻倍。全双工技术能够充分利用时间资源和频率资源,理论上,是半双工技术信道容量的两倍。
- 减少反馈时延。在信号传输期间,全双工技术能有效降低反馈信息的空中接口时延。其中,反馈信号包括控制信息、信道状态信息、握手确认信息、资源分配信息等。
- 降低端到端时延。中继节点采用全双工技术能够实现在接收发送端信息的同时向接收端发送信息,可有效降低端到端时延。
- 提升系统安全性能。两通信节点均采用全双工技术实现同时同频信号的发送和接收,使窃听端收到混叠信号,导致其很难译码出有用信号。
- 提升自组织网络实施的有效性。当所有节点均采用全双工技术进行通信时,能解决自组织网络中的"隐藏节点"问题。同时,由于信号传输时,每个全双工节点均可同时同频进行监听和感知,因此,每个节点可决定其他节点是否发送信号。

但同时,由于自干扰信号噪声存在的原因,需要重点对下述问题进行研究:

- 非理想干扰消除。在实际应用中,自干扰噪声常超出射频链路期间线性工作的范围,导致非线性特性和自干扰信道估计存在误差,使得消除效果不甚理想。
- 用户间干扰增强。当一定范围内的用户均采用全双工技术时,则被干扰用户数目会成倍增加,同时,每个节点的干扰噪声也累计增加。
- 系统工号和复杂度增加。为有效消除回环干扰噪声和用户间干扰,每个通信节点均需增加额外组件,从而导致系统的功耗和复杂度增加。

对于自干扰信号处理,主要集中在三个域:空域、模拟域、数字域。其中，空域内的处理方法一般称为被动消除，模拟域的处理方法一般称为主动消除，数字域内的处理方法一般称为数字消除。

被动消除是指在空域，自干扰信号在射频前端接收之前，利用各种方法降低其功率。文献[4]中，微软提出了 Nulling Antenna 的方法进行被动消除，其方法是采用环形缝隙天线，该天线在特定角度会存在信号盲区，如果将该盲区对准自干扰信号的方向，可以使自干扰信号得到一定程度的衰减。文献[6]提出了利用空间距离衰减进行被动消除的方法，该方法对于宽带信号效果不佳。文献[8]进行了进一步的工作，提出了3种天线摆放的方案，并在宽带信号中完成了实验工作。文献[15]提出了一种天线消除的方法，终端节点需要3根天线，其中2根发送天线，1根接收天线。通过调整发送天线的位置，使自干扰信号到达接收天线的距离产生路程差，从而进行相位抵消，以减少自干扰信号的功率。文献[16]提出了巴伦（Balun）被动消除方法。其通过平衡-非平衡转换器来获得发送信号的反向信号。该方法对于宽带信号有着良好的消除效果。文献[7,11,13,39]提出了三种被动消除的方法：交叉极化，吸波材料，定向天线。其中，对于定向天线，实验结果表明，夹角为120°时，效果最佳。对于吸波材料，文章认为，采用 Tapered loading 材料最适合进行 2.4G 频段的宽带自干扰信号。文献[17,18]采用了一根发送天线的全双工射频前端。在天线尾部接入一个环形器，环形器不同端口之间对自干扰信号有一定的物理隔离。文献[20]通过设计一种特殊的 back-to-back 天线来提升工作在全双工状态下中继节点收发天线的隔离度。

主动消除作为自干扰信号消除的一种手段，一般作为被动消除的补充。其根本目的在于，在模数转换（Analog to Digital Converter，ADC）之前将自干扰信号尽可能消除，使模数转换（Analog to Digital）时引入较少的量化噪声。QHX220 作为主动消除的一种常用器件，在很多文献[4,15,16]中都有所提到。该方法通过所设计的反馈环节，自动调节增益和延迟，通过迭代，使得自干扰信号功率不断降低。文献[8]中的核心思想是利用信道估计再产生一路射频信号，其作用是在接收端与混合信号叠加，通过加法器将自干扰信号消除。其将此方法应用在正交频分复用信号中。文献[40]首次提出了一种单天线的全双工前端，包括前馈系统，并且指出这种结构的自干扰信号主要包括泄露、反射、多径三个部分。文献[17,18]是在单一收发天线的情况下，引入了额外的射频电路（10 cm×10 cm 的 PCB 板），通过调整延迟和增益来重建自干扰信号。文献[41]通过改造环形器本身的电路结构，来进行主动消除。

数字消除逐渐成为全双工通信研究者的研究热点。其原因在于，数字域的基带信号处理算法构造更加成熟。同时，由于在大发送功率下，额外的硬件设备总会引入非线性失真，使研究者们的研究逐渐集中在数字域消除自干扰信号中的非线性部分。文献[16]提出了一种针对 OFDM 信号的数字消除算法，该算法应用最小二乘算法（Least Square，LS）对 OFDM 中的每个子载波信号进行单独估计。文献[42]将最小均方算法（Least Mean Square，LMS）应用在数字消除中。文献[17,27]将非线性部分建模成指数的形式并给出了相应的数字消除方法。此外，越来越多的研究集中在对通信链路进行建模仿真，以寻找自干扰信号中非线性部分对信号消除的影响。文献[23]中根据自身假定的典型的全双工通信节点的前端模型，分析了各个部分对自干扰信号成分的贡献。指出发送端的功率放大器（Power Amplifier，PA）、发送接收端的混频器和 ADC 量化失真为自干扰信号非线性部分的主要成分。文献[43]中讨论了相位噪声，高斯噪声和量化噪声对数字消除带来的影响，并引入了第三个射频链路来在数字域重建信号进行数字消除。文献[44]研究了晶振引入的相位噪声对于全双工通信中采用正交频分复用技术（Orthogonal Frequency Division Multiplexing，OFDM）调制时，数字消除的影响。

同时，文献[22]中也详细研究了无线全双工技术与移动通信相结合的可能性。其中，考虑了使用环形器以使得共享天线成为可能，并将环形器作为单天线的全双工收发器。环形器是一种三端口设备，根据旋转方向（即顺时针或逆时针），通过其端口控制信号，使其在一个端口进入，然后从下一个端口退出。原则上，信号不能向相反方向传播，这确保了发射器和接收器之间的一定隔离度。根据环形器的大小和成本，隔离的典型实用值在 20~60 dB 之间变化，而在所需方向上的衰减通常小于 0.5 dB。作为无源元件，其尺寸最终取决于工作频率的波长。

此外，由于全双工技术所体现的特性，很多研究者将其与已有的成熟的技术相结合进行了一定的研究。

➢ 与多输入多输出技术（Multiple-Input Multiple-Output，MIMO）相结合

文献[45]给出了多收发天线的全双工系统与 MIMO 结合的解决方案，其在 WARP 上实现了 3×3 的窄带全双工和 MIMO 结合的原型系统。提出了交叉极化的方式以增加收发天线的隔离度，该种方法可以达到 45 dB 的自干扰信号消除效果。同时，文章评价了 MIMO 与全双工系统相结合时，作为中继节点的系统表现。经过实验发现，相比中继节点为半双工 MIMO 或 MU-MIMO 时，可

将系统容量提升 80%。即使存在上下行节点的干扰信号，其对系统速率的影响也可控制在 20% 以下。最后，该文章讨论了在 MIDU 系统下应该如何设计 MAC 层协议。需要在 FD 的下行链路和上行链路之间仔细划分自由度，在每个方向上为 MU-MIMO 联合寻址客户端选择和预编码。文献[46]研究了多天线源节点和目标节点之间的全双工多输入多输出中继问题。实现这种系统的主要困难在于，由于中继器的发射天线阵列和接收天线阵列之间的衰减有限，中继器的输出信号可能会淹没在有限的动态范围输入电路中，使得恢复所需的输入信号即使不是不可能，也非常困难。文章对发射机/接收机动态范围限制和信道估计误差进行建模的同时，推导了端到端可实现解码速率和基于全双工 MIMO 中继系统的严格上界和下界，并提出了一种基于下界最大化的传输方案。最大化的核心是解决一个非凸优化问题，为此，文章详细介绍了一种基于二分搜索和梯度下降投影的新方法，并推导了可实现速率的解析近似值，并用数值证明了其准确性。同时，文章以优化的半双工信令为基线，研究了可实现速率与信噪比、干扰噪声比、发射机/接收机动态范围、天线数量和训练长度的关系。文献[18]介绍了业内首个基于带内全双工的 MIMO 无线电的设计和实现，实现了理论吞吐量的翻倍。其解决了与 MIMO 全双工相关的两个基本挑战：复杂性和性能。文章的设计通过对消设计实现了全双工，对消设计的复杂度几乎与天线数量成线性关系，这种复杂度接近了系统最佳实践可能。此外，文章还设计了新的数字估计和对消算法，可以消除几乎所有干扰，并实现与单天线全双工 SISO 系统相同的性能。通过构建模拟电路板，并将其与 WiFi 兼容的标准 WARP 软件无线电实现集成，实现了设计原型。相关实验表明，该方案的设计在嘈杂的室内环境中运行良好，并在实践中提供接近预期的理论吞吐量翻倍。文献[47]中，研究了在半双工 MIMO 链路中使用多个天线进行容量增强与使用它们构建全双工无线电之间的性能比较。研究结果表明，在一定条件下，使用附加天线构建全双工无线电与使用它们形成高容量 MIMO 链路相比，可以提供性能提升。同时，文章讨论了单小区时，半双工 MIMO 和全双工 MIMO 的容量对比。文献[48]讨论了多用户全双工 MIMO 在总功率受限时的下行信道吞吐量及单用户功率受限时上行信道的吞吐量。

➢ 与天线技术相结合

如文献[49]所述，全双工技术与天线设计相结合有如下方面：

■ 双极化天线

双极化天线广泛应用于基站、移动终端或室内基站无线通信系统中。常用于考量一个双极化天线性能的指标有工作带宽、端口之间隔离度、交叉极化等。由于宽带双极化天线可以覆盖更多的无线通信系统的工作频点，也大大减少所需天线的数量，减少加工安装的成本，同时，也节约了安装天线的空间，是未来天线设计的趋势之一。对于如何实现天线较宽的工作频带和较高的端口隔离度，诸多学者提出了多种设计宽带双极化天线的方法。

具体而言，可分为双极化缝隙天线、微带贴片天线、偶极子天线。缝隙天线是双极化天线设计中常采用的一种天线类型。其中，缝隙天线可以获得较宽的频带，具有窄缝隙的天线的工作频带一般都要小于宽缝隙天线的工作频带，但是具有窄缝隙的天线远场辐射方向图具有较高的极化纯度，因此，选用较细的缝隙有助于天线实现高的端口隔离度；微带贴片天线具有诸多优点，包括低剖面、加工费用低廉、易共形并适合大规模加工，但是微带天线的工作频带比较窄；对于偶极子天线，常用来设计应用于 2G/3G 通信频段基站通信系统，如 D. L. Wen 等人设计的双极化天线[50]，该天线主要包括两个 Y 形馈电线、四个折叠振子、四个共面带线、两个同轴馈电和一个方形反射板。该双极化天线采用了 Y 形馈电结构，将带宽拓展到了 30%且在工作频带内的隔离度均大于 30 dB。

■ 高增益极化可重构天线

具有高增益特性的天线可以保证较远的传输距离，具有极化可重构特性的天线可以增加通信系统容量，减缓多径效应带来的影响以及抑制频道内的干扰。这两类天线各有优势，然而，在某些应用场所，同时具备高增益特性和极化可重构特性的宽带天线更具有竞争力，受到广泛的关注。近年来，许多学者提出了诸多实现天线极化可重构的技术。通过设计射频开关的位置并合理控制其导通与截止的状态，可以使得天线在线极化、左/右旋圆极化之间来回切换。清华大学的 Yue Li[51]等人基于两种不同的馈电方式实现了可在两个相互垂直的线极化之间进行转换的可重构天线，其中一种工作极化是由波导模式馈电形成的，另一种与之垂直的极化是利用槽线方式形成的。由于天线的输入阻抗在线极化状态和圆极化状态下是不同的，所以很难保证天线既在线极化状态下匹配，又在圆极化工作状态下阻抗匹配。通过设计，可以使天线在线极化和圆极化天线之间切换。

■ 同时同频全双工（STAR）天线

CCFD 通信系统可以提高频谱资源的利用率，增加通信系统容量，备受关注。要保证 CCFD 的有效工作，需要设计一个满足通信系统需求的 STAR

天线。应用于军事领域的 STAR 天线需要满足更为苛刻的条件，接收天线和发射天线最好具有相同的极化方式和相似的远场辐射方向图。为了尽量覆盖更多的通信频段，对于具有宽带特性的 STAR 天线更是有着极大的需求。设计 STAR 天线必须保证其发射端口和接收端口之间具有较高的隔离度，常见的用于提高隔离度的方法有极化正交法、近场抵消法、加载谐振器/EBG 结构等几种。

> 与编码技术相结合

文献[52]提出了与异步全双工通信相结合的分布式空时编码。具体而言，提出了两种用于全双工异步协作通信的分布式线性卷积空时编码（DLC-STC）方案。DLC-STC 方案 1 适用于自干扰信号完全消除的情况，它实现了完全异步协作分集。DLC-STC 方案 2 适用于部分自干扰信号消除的情况，其中一些环路信号被用作自编码，而不是被视为要直接消除的干扰。文章证明了该方案可以实现完全异步协作分集。同时，文章评估了两种方案在自干扰信道信息不准确时的性能，并针对 DLC-STC 方案 2 提出了一种放大因子控制方法，以改善其在自干扰信道信息不准确时的性能。仿真结果表明，如果中继处有完美或高质量的自干扰信道信息，DLC-STC 方案 1 的性能优于 DLC-STC 方案 2 和延迟分集方案，而如果自干扰信道信息不完美，DLC-STC 方案 2 的性能更好。文献[53]将异或网络编码应用在了全双工系统中，并在高斯白噪声信道和瑞利信道下分析了系统的误比特率表现。文献[54]探讨了块马尔可夫稀疏图码在全双工中继信道模型下的渐进迭代性能表现。文献[55]研究了采用低密度奇偶校验码（Low Density Parity Check Code，LDPC）的全双工仿真。

双向中继信道作为典型的无线通信模型，受到了研究者的广泛关注。如图 1.3 所示，双向中继信道的典型应用场景即为手持终端通过基站互相通信，这避免了终端节点的过大的发送功率且能拓展通信距离。早期的研究表

图 1.3　双向中继信道示意图

明，两个终端交换 1 bit 信息共需要 4 个时隙，即传统的存储转发方案。文献[56,57]研究了在瑞利信道的环境下，终端节点和中继节点不同信噪比（Signal-to-Noise Ratio，SNR）下的系统性能。文献[58]研究了编码双向信道机制（Coded Bi-directional Relaying），该机制可将双向中继信道终端节点交换 1 bit 缩短至 3 个时隙。进一步地，文献[59,60]中提出的技术将时间缩短至 2

个时隙。其中，文献[59]提出了物理层网络编码（Physical Network Coding, PNC）方案，采用了译码转发（Decode-and-Forward, DF）机制。该机制中，中继节点将混合信号在当前时隙解调译码，在下一个时隙中，再编码调制发送。该机制需要中继节点具有一定的计算能力，且要求终端节点发送的信号严格同步，可以消除上一时隙的噪声，不会造成噪声累积。文献[60]提出了模拟网络编码（Analog Network Coding, ANC）方案，采用了放大转发（Amplify-and-Forward, AF）机制。该机制中，中继节点只简单地将混合信号的波形进行保存，在下一个时隙中，直接放大进行发送。该机制对中继节点要求的硬件复杂度低，且不需要终端节点发送的信号严格同步，但会造成噪声累计。由于全双工技术的良好特性，全双工中继的双向中继信道模型也得到了广泛的研究。文献[61]讨论了存在回路干扰的情况下，中继节点工作在两种双工模式下的系统表现，并指出最优中继算法和次优中继算法的优缺点。文献[62]讨论了在 DF 模式下，机会选择机制可以成为最优中继的选择方式。文献[63]讨论了模拟消除和数字消除下的最佳全双工放大转发中继。同时，还有相关文献在研究双向中继信道下端到端可达速率等系统通信性能。如文献[64]提出一种基于连续域搜索的联合迫零算法，在完全消除回环干扰噪声的约束条件下，最大化中继系统的端到端可达速率。该算法是先利用奇异值分解（Singular Value Decomposition, SVD）方法将回环干扰噪声置于接收端零空间，然后将原迫零算法的一个特例扩展为连续域内最优迫零算法的选择，从而得到较好的系统通信性能。文献[65]对中继端发送波束成形和接收波束成形联合设计，实现了将回环干扰噪声迫零的同时提升系统端到端通信性能，并给出了系统中断概率性能和渐进近似性能的闭式解。文献[66]研究了将全双工技术应用到双向无线中继系统的问题，其中全双工放大转发中继配置多根发送天线和多根接收天线。文中通过联合优化中继端波束成形矩阵和发送端功率分配策略实现端到端通信性能的提升，并给出端到端通信速率的可行域，以及双向通信的最大可达速率。文中依然是采用迫零算法对全双工中继产生的回环干扰噪声进行处理，接着在给定一端最低可达速率的约束条件下，通过优化波束成形矩阵和发送端功率实现另外一端可达速率最大化。为解决上述非凸耦合问题，文中采用交替算法获得局部最优解。在每次迭代中，利用差分规划（Difference of Convex Functions, DC）方法获得发送波束成形向量和功率分配的最优解。上述相关工作均未考虑回环干扰噪声抑制对有用信号接收性能造成的影响。

➢ 与无线携能技术相结合

随着无线通信系统的不断演进和物联网技术的广泛应用，用户数据流量逐渐呈爆炸式增长，同时也导致了无线通信设备能耗越来越高，而采用传统充电模式的无线通信设备续航能力不足的问题制约了无线通信技术的发展，将无法满足用户对无线信息传输速率和无线通信设备续航能力日趋增长的双重需求。为了应对当前无线通信系统所面临的来自能力与信息方面的双重挑战，全双工无线携能通信（Full Duplex Simultaneous Wireless Information and Power Transfer, FDSWIPT）技术被提出，它不仅将无线携能与全双工通信技术在能量与信息传输方面各自的优势有机地结合在一起，还产生了额外的能量增益机制。

如文献[67]所述，从能量传输角度出发，目前通过外界移动电源或者更换大容量电池增加无线通信终端续航时间的方法，虽然能够延长一定的通信时间，但是牺牲了无线通信设备的便携性。在无线通信的环境中，射频电磁波无处不在，传统通信只利用了其在信息承载方面的功能，忽视了其在能量方面潜在的优势；而传统的无线通信系统，采用了基于近场电磁感应技术给终端充电，虽然提升了易用性，但有效充电距离很短，无法满足用户需求。在此背景下，无线携能通信技术应运而生，通过新的接收机结构实现了信息与能量的同时传输。将无线携能通信与全双工这两种在能量与信息传输方面分别极具优势的技术融为一体所形成的全双工无线携能通信技术，继承了无线携能通信续航能力强与全双工技术频谱利用率高的双重优点，能在保证较高通信速率的前提下提供无线通信设备的续航能力，实现能量传输与信息传输的最优折中。同时，由于全双工通信特性造成的自干扰信号在无线携能通信系统中可以视为一种额外的能量进行重新回收利用，基于此原理产生了自能量回收机制，进一步增强系统的续航能力。

具体而言，文献[68]在两跳全双工中继场景下，分别在放大转法和解码转法两种情况下，针对能量受限且具有无线携能通信功能的中继节点的吞吐量最大化问题进行了研究，并且对比和分析了该场景下不同的通信模式中所对应的吞吐量。文献[69]在结合了无线携能通信的全双工中继场景中提了一个新的概念：自能量回收，它是指中继将全双工操作产生的自干扰信号作为一种能量再次循环利用，作者研究了该场景下的吞吐量最大化问题，通过凸优化工具得到了最优解，并提出了一种新的两阶段传输协议，使得信息与能量同时传输，又不用对信号进行动态分割。此外，还通过仿真验证了所提传输协议优于已有文献中基于时间切换的中继协议。文献[70]在基于全双工无线携能通信技术的 AF 中继场景中，根据最小均方误差准则，在其发射功率约束与用户能量收集约束的情况下，设计并提出了一整个联合优化源节点和中继节点的波束赋形。此外，基于交替优化和连续凸逼近算法提出了一种联合波束设计的迭代算法，并证明了它的收敛性。进而基于奇异值分解，提出了一种低复杂度的次优算法。随后，文献[71]针对基于全双工无线携能通信技术的 DF 中继场景下的传输方案和资源分配问题进行了研究，分别得到了"虚拟收集–使用"和"收集–使用–存储"两种模型下的中断概率以及相应的传输策略。

➢ 与物理层安全相结合

同时，全双工技术的引入给物理层安全方面提出了新的挑战。由于无线通信广播特性，保障通信信息的安全始终是无线通信中一个极其重要的问题。目前多采用上层加密算法来实现无线通信安全。该方法是基于窃听端计算能力较弱，即破译窃收到信息所需要的时间和资源消耗对于窃听者来说是无法承受的，利用额外信道交换密钥来实现安全通信。近年来，随着移动通信和计算机技术的快速发展，利用加密算法保障无线通信安全性能受到极大影响。相比之下，在香农信息论的理论框架下，物理层安全技术可利用无线通信中合法用户和窃听用户信道的差异性、信号叠加、存在干扰和噪声等特性实现可靠的不依赖密钥的无线安全通信。物理层安全技术成为近年来无线通信安全领域中比较活跃的研究方向。按照所实现的功能进行划分，物理层安全包含两个重要方面：一是通信信息的保密，二是用户的认证。波束成形和编码等技术被广泛应用到这两方面的设计与实现。如文献[38]所述，现阶段物理层安全技术主要有安全编码技术、多天线安全技术以及协作干扰技术三类。安全编码技术利用信道之间的固有特征差异，针对不同的信道，构造符合信道特征的码字，使得窃听端只能收到随机变化的信息，而合法接收端的性能不会受到影响。该方法无须密钥分发和限定窃听端可用资源。文献[72]证明存在能够逼近安全容量的安全纠错编码方式。研究表明，当码字无限长时，极化安全编码算法能够实现以逼近安全容量的速率进行可靠传输。此外，利用安全编码技术能够在保障主通信系统性能的同时，有效抑制窃听端的窃听性能。需要指出的是，当实际网络中存在多个发送端、接收端和窃听端时，上述编码技术不再适用。多天线安全技术是利用空域信号处理方法来提升系统的安全性。其主要设计方法分为两类：波束成形方法和人工噪声预编码方法。当发送端具有足够的空间自由度时，通过基于广义奇异值分解的波束成形技术，将信道划分为若干个分别指向接收端和窃听端的并行且独立的子信道，则可实现在不影响主通信质量的前提下有效地降低窃听端的窃听性能。在此基础上，针对短距离窃听的情况，发送端还可利用部分空间自由度,在合法接收端的零空间内发出人工噪声,以达到干扰近距离窃听者的目的。文献[73]提出通过对友好干扰节点发送人工噪声的协方差矩阵进行优化,使系统安全性能增强。但值得注意的是,利用协作中继或友好干扰节点虽然能克服由于发送端天线资源有限而对系统性能产生的影响,但均需要协作节点的完全可信性,并且会因与协作节点进行协调和同步而产生额外系统开销。近年来,人们对此进行了积极探索,提出了一些新的方法,其中具有代表性的是基于全双工技术的物理层安全实现方法。文献[74]首次提出利用全双工接收端发送人工噪声,以影响窃听端性能。该方案不需要反馈接收端的信道状态给发送端,且在窃听端天线数大于接收端天线数时,系统的安全中断概率性能仍能得到明显提升。当发送端具有一定的自由度时,可实现发送端和全双工接收端联合对抗窃听端。基于这一思想,文献[75]通过联合优化发送端和接收端波束成形矩阵及发送端和接收端总功率分配,获得系统最大可达安全速率。在此基础上,文献[76]针对无线广播场景存在多接收端多窃听端情况,在单用户最低安全速率约束下,分析了发送端发送功率和接收端发送人工噪声功率的总功率最小化问题。需要指出的是,以上算法在进行设计时,全双工技术造成的回环干扰噪声均被忽略。

> MAC 层及高层协议研究方面

在 MAC 层及高层协议研究方面,主要集中在基础设施网络的全双工 MAC 技术研究和自组(Ad-Hoc)网络的全双工 MAC 层技术研究[77]。对于基础设施网络而言,接入点(AP)与多个节点之间进行全双工通信,那么设计合理的集中式 MAC 层协议是最大化系统性能的关键。另外,由于 AP 工作在全双工模型下,这会引起 AP 服务范围内的节点间干扰,解决这类问题同样是 MAC 层协议需要克服的挑战。为了解决非对称业务环境下的集中式基础设施网络 MAC 层协议的相关问题,文献[16]提出了一种集中式的全双工 MAC(FD-MAC)层协议,该协议可以通过给非对称业务的节点设置忙音功能来占用全双工通信线路,进而避免由于非对称的全双工业务所带来的隐藏节点问题。不过该方法的使用可能缺乏公平性,某些节点可能会过多地占用网络资源,导致业务的不平衡。为此,文献[8]提出了一种新集中式的 FD-MAC 协议用于平衡节点之间的业务,并使得节点之间可以在全双工模式和半双工模式下切换。为了使 FD-MIMO 节点有更多的工作机会,文献[78]在提出了一种节点空域资源分配方法,并与传统的无线局域网 MAC 层协议进行对比。之前的协议都是在网络中避免冲突并解决隐藏节点问题,这样的网络将会极力避免干扰。但如果网络存在干扰,并且干扰能够在可容忍的范围,那么节点可以通过调整传输速率和时间来控制相同资源的使用，这样往往会增加整个网络的吞吐。因此，文献[79]提出了一种Janus协议，该协议允许AP通过向所有注册节点发送探测信号来控制节点对资源的使用，以及在可容忍条件下存在节点之间的信号干扰，在增加网络吞吐的同时，保证了节点之间的公平性。该协议的另一个主要贡献在于给出了全双工AP的资源分配方法。关于集中式全双工网络的资源分配问题，可以将其建模为发送-接收机匹配问题，研究人员给出了一个基于服务质量（QoS）的功率分配算法[80]，该算法考虑自干扰消除的影响，在一定的时延限制情况下，优化了系统吞吐量。还有一些研究结合了集中式全双工和全双工中继。

对于Ad-Hoc网络而言，由于缺少中心AP，网络主要采用分布式的传输协议。全双工技术的引入给分布式的网络带来了众多的好处，例如，在进行载波监听时，可省略掉握手过程，以解决由通信距离波动带来的隐藏节点和暴露节点问题。在对称业务环境中，关于分布式MAC层协议，同时考虑自干扰消除技术和调度公平性问题，文献[81]首先提出了基于载波侦听多路访问/冲突避免（CSMA/CA）的Contraflow协议。同样地，通过引入双链路的概念进行空间资源的再利用，这种方法解决了全双工Ad-Hoc网络冲突问题，并且提出了新的ARQ过程[82]。在非对称业务环境中，Contraflow协议通过发生忙音业务来占用信道，进而避免隐藏节点问题，但是忙音业务增大了系统的能量消耗。虽然有些研究人员认为全双工技术的引入可以为冲突避免省略握手过程，但是由于目的节点在取消忙音机制后，工作在半双工模式下，隐藏节点问题依然存在，为此，研究人员设计了一套带有RTS/FCTS握手的高效MAC层协议来解决单向和双向自组网络隐藏节点问题[83]。为了解决节点间的干扰，提出了一种基于冲突解决的分布式MAC层协议，此协议在高负载网络下展现出较大优势。另外，在无人机Ad-Hoc网络中，一套基于令牌的全双工MAC层方法被详细地给出了，该方法可以应对于理想的CSI环境和非理想的CSI环境。对于多跳的分布式网络，可以通过引入定向天线来设计分布式MAC协议，这样可以很大程度上增加网络吞吐。其中，该协议基于CSMA/CA，但并不使用RTS/CTS握手。在文献[84]中，研究人员提出了可以支持双向多跳全双工通信的全双工MAC协议和中继全双工MAC协议。

此外，在一个多跳网络中，一个高效的路由路径可以很好地增加网络的吞吐，并避免网络的拥塞。因此，当MAC层结合更高的网络层时，依然存在值得研究的问题。如全双工技术引入自干扰信号后，节点的路径搜索及功率分配问题，文献[85]提出了一个基于改进 Dijkstras 算法的路由算法来最大化全双工无线网络的端到端吞吐。同时，通过联合路由和功率分配，在存在自干扰的情况下，一个全新的路由协议被用于定向的全双工网络中[86]。另外，在全双工无线网络中，考虑到自干扰和节点间干扰，结合节点多天线技术，在发送功率能量限制的前提下，如何设计一个综合考虑时间、空间、频率资源的资源分配算法值得研究。

1.5　本书研究内容

根据 1.2 节的文献调研和分析，可总结分析如下。

空域自干扰消除（被动消除）现阶段的研究成果主要存在的问题：①要求终端节点的发送天线和接收天线存在一定的物理距离或需要一定的隔离材料，以获得较大的信号隔离度，这在一定程度上限定了终端设备的尺寸；②要求终端节点具有多根发送天线（如两根发送天线，一根接收天线），这增加了设备的复杂度并增大了成本和硬件开销。但被动消除作为自干扰信号消除的重要手段，占据了消除性能的绝大部分，值得进行深入研究。

模拟域自干扰消除（主动消除）一般作为被动消除方法的补充，根据前述的国内外研究现状，应辩证地看待主动消除的作用。虽然其可以引入额外的消除性能，但缺点同样明显，即在大发送功率的情况下引入非线性失真，导致整个全双工系统性能显著下降。同时，其与数字消除存在"跷跷板"效应[87]，即二者其一的消除性能增加会导致另一个消除性能下降。考虑到未来全双工通信应用在移动智能终端的前景，能否去掉模拟域自干扰消除机制，实现低复杂度的全双工系统值得深入研究。

数字域自干扰消除（数字消除）的研究逐渐成为热点，尤其是自干扰信号中非线性部分的估计和重建。以往的研究多集中在自干扰信号的线性建模，这使得在发送功率提高时，非线性噪声的存在会导致系统吞吐速率显著下降。能否根据已有的自干扰信号通用链路模型进行数字域的非线性消除，值得深入研究。

全双工通信技术可以提高节点发送和接收信号的自由度，其可大幅提升单位时间内交换比特的数量，这对双向中继信道下的信息交换机制有着重大意义。此前的研究多集中在全双工中继，即只有中继节点工作在全双工状态下，而终端节点及中继节点皆工作在全双工状态下的情况，并没有相关讨论，值得深入研究。

本书从新的自干扰信号消除机制、低复杂度全双工通信系统构建及全双工的双向中继信道信息交换机制三个方面研究了全双工通信系统中自干扰信号处理的关键技术。

本书包含的主要内容包括：

（1）针对现有的多天线的全双工通信系统中，被动消除方案在收发天线隔离度上的局限性，提出了一种基于多径反射的被动消除方法。推导了该方法下接收信号功率在平面空间的表达式，并给出了寻找接收天线最佳位置的方法。该方法仅利用两根天线及一块外置反射板进行被动消除，并对两根天线之间的物理距离在理论上没有严格要求，突破了终端的物理尺寸限制。

（2）针对现有的全双工通信系统中的线性数字消除方法的局限性，提出了一种基于牛顿法的非线性数字消除方法。本书首先针对实验设备中的典型的自干扰通信链路进行数学建模，模型纳入了功放引入的非线性噪声、模数转换中的量化噪声、相位噪声及多径效应模型。其次，探讨了自干扰信号非线性建模的最佳多项式形式。最终，实验结果表明，所提出的非线性数字消除方法很好地解决了以往数字消除方法在大发送功率时性能下降的问题。

（3）针对现有的自干扰信号消除方法在不同域内互相独立的方案的局限性，提出了一种利用自干扰信道的状态信息的联合被动消除和数字消除的机制。由于被动消除方法的引入会改变自干扰信道的状态信息，本机制将该状态信息作为数字消除部分的输入调节数字滤波器的阶数，以平衡数字消除方法的性能和计算复杂度。

（4）利用第三代无线开放可编程研究平台（Wireless Open-Access Research Platform V3，WARP V3），设计了一套低复杂度的全双工通信系统。该通信系统可以仅依靠被动消除和数字消除方案进行全双工通信。本书完成了该系统的同步方案、数字消除方案、帧格式设计方案、相位噪声消除方案。并在相同环境下，同半双工通信系统进行了分析对比。实验结果表明，该系统在一定的发送功率和通信距离下的系统表现优于半双工通信系统。

（5）针对目前双向中继信道下节点工作在半双工状态下的局限性，提出了终端节点和中继节点皆工作在全双工状态下的两种信息交换机制：解码转发机制和放大转发机制。讨论了全双工技术的引入给该模型带来的系统吞吐量增益，并考虑了对称信道和非对称信道下两种情况。仿真结果表明，所提出的两种机制在一定的信噪比条件和交换比特的条件下，优于已有的双向中继信道下的信息交换机制。

1.6 本书组织结构

本书分为7章,各章的内容安排如下:

第1章介绍本书的研究背景、国内外研究现状、研究内容及本书的组织结构。

第2章对全双工无线通信的基本知识进行了回顾。首先介绍了无线通信基本原理,包括信号的调制解调、数模/模数转换的基本理论及参数指标、天线相关的基础知识及理论、无线信号在空间中传播所涉及的理论知识、基带信号处理中自适应信号处理部分的理论知识、多址技术涉及的理论知识、MAC协议涉及的理论知识。其次介绍了国内外自干扰信号消除方案的研究现状、节点间干扰抑制及消除技术的研究现状、全双工系统容量分析研究现状、全双工MAC协议设计研究现状等。

第3章具体阐述本书研究的自干扰消除方法。首先,提出了一种基于全向天线及反射路径的被动消除方法,通过对自干扰信号进行数学建模,从理论上推导出被动消除性能最佳的理论值,并给出了仿真结果,在此基础上,对窄带及宽带信号进行了实验验证。其次,提出了一种数字消除方法,该方法以递归最小二乘算法作为线性预测的基础,以牛顿法作为非线性预测的基础,基于典型射频前端的数学模型,给出了相应的解决方案,并给出了具体的实验结果。最后,提出了一种基于自干扰信道状态信息的联合被动消除和数字消除机制。

第4章具体阐述本书研究的低复杂度的全双工通信系统。首先,对该系统采用的硬件设备及实验环境进行具体的介绍。其次,介绍该通信系统所采用的同步方案、相位噪声消除方案、帧结构设计方案等。接着,给出该全双工通信系统在室内环境下不同通信距离的系统表现。最后,给出该系统与半双工通信系统在相同的环境下的系统表现对比。

第5章具体阐述本书研究的工作在全双工状态下的双向中继信道下的信息交换机制。首先,给出了该机制与传统的信息交换机制的方案对比,并讨论了解码转发机制和放大转发机制的基础知识及优劣性。其次,在理论上对两种转发机制的系统吞吐速率进行了推导。最后,在对称信道和非对称信道的条件下,给出了仿真结果,并给出了同传统的信息交换机制的对比结果。

第6章引用了国内对于6G的最新研究成果,并尝试分析全双工在6G中的应用场景。

第7章对本书的工作进行总结,并对未来的研究方向进行展望。

第 2 章
全双工无线通信基本知识

2.1 引　　言

本章对全双工无线通信的基本知识进行回顾。首先介绍了无线通信基本原理，包括信号的调制解调、数模/模数转换的基本理论及参数指标、天线相关的基础知识及理论、无线信号在空间中传播所涉及的理论知识、基带信号处理中自适应信号处理部分的理论知识。其次介绍了国内外自干扰信号消除方案的研究现状，包括被动消除技术和数字消除技术。最后对本章进行了总结。

2.2 无线通信基本原理

2.2.1 调制与解调

本小节主要介绍数字调制与解调的基本内容[88]。数字调制与解调的目的是通过信道传送比特形式的信息。如文献[89]所述，比特是取值为 0 或 1 的二进制数字。信息比特可能直接来自数字信源，也可能是模拟信源通过模数转换器的输出。无论何种来源，送到数字调制器的信息比特有可能已经过了压缩。数字调制将信息比特映射为模拟波形后通过信道传输，而解调则是根据信道输出的信号估计发送的比特序列。在选择具体的调制方式时，主要考虑下面几点：

- 高传输速率
- 高频带利用率（最小带宽占用）
- 高功率效率（最小发送功率）
- 对信道影响的抵抗能力（最小误比特率）
- 低功耗和低成本

上述要求一般是互相矛盾的，因此，调制方式的选择取决于多种因素的最佳权衡。

按照载波信号（也被称为被调信号），可以分为三类：正弦波调制、脉冲调制与强度调制。调制的载波分别是正弦波、脉冲和光波。无线通信中一般使用的载波信号都是高频正弦波，而调制过程中改变的就是正弦波的3个参数：幅度、相位、频率。也就是3种基本的调制方式：调幅（AM）、调相（PM）、调频（FM）。除此之外，还有一些变异的调制方法，比如正交幅度调制（QAM）、单边带调幅（SM）、残留边带调幅（SSB）等。按照基带信号（也被称为调制信号），可以分为两类：模拟调制与数字调制。顾名思义，模拟调制中基带信号是模拟信号，数字调制中基带信号是数字信号。模拟调制中所控制的幅度、频率、相位参数是连续变化的，在解调的过程中也需要估计这个连续变化的波形；而数字调制中这些被改变的参数只是一些离散的值。调制的另一种分类方法是角度调制和幅度调制，其中，角度调制包括调频和调相，幅度调制包括调幅AM、双边带调制DSB、单边带调制SSB、残留边带调制VSB和正交幅度调制QAM。根据已调信号的频谱结构是否保留了原来消息信号的频谱模样，可以分为线性调制与非线性调制，幅度调制一般都是线性调制，角度调制都是非线性调制。

相比于模拟调制，数字调制当中"调制"的概念相对复杂。具体而言，在模拟调制当中，基带模拟信号与高频载波通过前面介绍的几种调制方式混合之后，得到的就直接是待发送的射频信号。而在数字调制中，通常包含三个阶段：

第一阶段将二进制比特流映射为某种效率更高的数字信号（通常称为码流），这个过程称为基带调制；

第二阶段将码流通过脉冲成型滤波器，将会突变的数字信号变成连续光滑的模拟信号，得到的就是基带信号；

第三阶段将基带信号搬移到高频载波上，这个过程称为载波调制/带通调制/射频调制。

最简单的数字调制系统中，基带信号是0-1二进制数字波形，通过控制开关实现对载波的调制，因此，这里面的调幅AM、调相PM、调频FM也分别称为幅度键控ASK/通-断键控OOK、相位键控PSK、频移键控FSK。二进制数字调制中，每一个符号只能表示0、1两个数值，为了提高数据传输效率，可以在一个符号内传输更多的比特，从而提高频带利用率。简单来说，就是把原来的0-1比特流进行分组，例如，两个比特为一组映射到一个符号（symbol、码元）上，那么一个符号就有00、01、11、10这4种取值，再去调制。

具体而言，包括多进制相移键控（Multiple Phase Shift Keying，MPSK）、多进制正交幅度调制（Multiple Quadrature Amplitude Modulation，MQAM）及正交频分复用技术（Orthogonal Frequency Division Multiplexing，OFDM）。本小节所涉及的调制方式在本书探讨的自干扰消除方法的实验中和低复杂度的全双工通信系统的设计中有所涉及。

> 多进制相移键控（MPSK）

多进制相移键控是利用载波的多种不同相位状态来表征数字信息的调制方式。多进制数字相位调制也有绝对相位调制（MPSK）和相对相位调制（MDPSK）两种。在 M 进制数字相位调制中，四进制绝对移相键控（4PSK，又称 QPSK）和四进制差分相位键控（4DPSK，又称 QDPSK）用得最为广泛。

在数字相位调制中，M 个信号波形可以表示为：

$$\begin{aligned} s_m(t) &= \mathrm{Re}\left[g(t)\,\mathrm{e}^{\mathrm{j}\frac{2\pi(m-1)}{M}}\mathrm{e}^{\mathrm{j}2\pi f_c t}\right], \quad m=1,2,\cdots,M \\ &= g(t)\cos\left[2\pi f_c t+\frac{2\pi}{M}(m-1)\right] \end{aligned} \tag{2.1}$$

式中，$g(t)$ 是信号脉冲形状；$2\pi(m-1)/M$ 是载波的 M 个可能的相位，通信时利用该 M 个相位进行信息传递。

二相相移键控（BPSK）是用二进制基带信号（0、1）对载波进行二相调制。BPSK 是最简单的 PSK 形式，相移大小为 180°，又可称为 2-PSK。对于 BPSK 信号，$g(t)=\sqrt{\dfrac{2E_b}{T_b}}$，其中，$E_b$ 为每比特能量，T_b 为每比特持续时间。对于加性高斯白噪声（Additive White Gaussian Noise，AWGN）信道，其比特差错概率为：

$$P_{e,\mathrm{BPSK}}=Q\!\left(\sqrt{\dfrac{2E_b}{N_0}}\right) \tag{2.2}$$

其中，Q 函数为标准正态分布的互补累计分布函数。

正交相移键控（Quadrature Phase Shift Keying，QPSK）是一种数字调制方式。它分为绝对相移和相对相移两种。由于绝对相移方式存在相位模糊问题，所以，在实际中主要采用相对移相方式 DQPSK。QPSK 是一种四进制相位调制，具有良好的抗噪特性和频带利用率，广泛应用于卫星链路、数字集群等通信业务。对于 QPSK 信号，$g(t)=\sqrt{\dfrac{2E_s}{T_s}}$，其中，$E_s$ 为每符号能量，T_s 为每符号持续时间。其比特差错概率与 BPSK 调制方式相同，其零点-零点带宽为比

特速率 R_b。两者调制方式的信号星座图如图 2.1 所示。

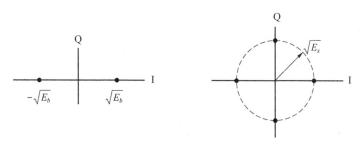

图 2.1 BPSK 及 QPSK 信号星座图

➤ 多进制正交幅度调制（MQAM）

如果去掉 MPSK 中幅度保持一个恒定值的限制，同时改变相位和幅度，就可以得到 MQAM 调制。

正交波幅调制（Quadrature Amplitude Modulation，QAM）是一种对无线、有线或光纤传输链路上的数字信息进行编码，并结合振幅和相位两种调制方法的非专用的调制方式。QAM 是多相位移相键控的一种扩展，二者之间最基本的区别是在 QAM 中不出现固定包络，而在相移键控技术中则出现固定的包络。QAM 技术频谱利用率高，并可具有任意数量的离散数字等级。该调制方式通常有二进制 QAM（4QAM）、四进制 QAM（16QAM）、八进制 QAM（64QAM）等多进制正交幅度调制（Multiple Quadrature Amplitude Modulation，MQAM）。与其他调制技术相比，QAM 编码具有能充分利用带宽、抗噪声能力强等优点。这种调制技术已被广泛应用，并且将 QAM 技术用高效的专用集成电路实现。

QAM 使用带有相同频率成分的一条正弦和一条余弦波来传递信息。调幅信号有两个相同频率的载波，但是相位相差 90°。一个信号叫 I 信号，另一个信号叫 Q 信号。从数学角度将一个信号表示成正弦，另一个表示成余弦。两种被调制的载波在发射时被混合。

其信号波形可以表示为：

$$s_m(t) = \text{Re}\left[(A_{mi}+jA_{mq})g(t)e^{j2\pi f_c t}\right], \quad m=1,2,\cdots,M$$
$$= A_{mi}g(t)\cos(2\pi f_c t) - A_{mq}g(t)\sin(2\pi f_c t) \quad (2.3)$$

其中，A_{mi} 和 A_{mq} 分别为两路正交载波的信号幅度。以 $M=16$ 为例，其星座图如图 2.2 所示。

➤ 正交频分复用技术（OFDM）

OFDM 即正交频分复用技术，是多载波调制的

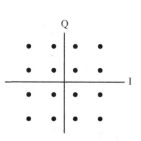

图 2.2 16QAM 星座图

一种。通过频分复用实现高速串行数据的并行传输，它具有较好的抗多径衰落的能力，能够支持多用户接入。

OFDM 的主要思想是将信道分成若干正交子信道，将高速数据信号转换成并行的低速子数据流，调制到在每个子信道上进行传输。正交信号可以通过在接收端采用相关技术来分开，这样可以减少子信道之间的相互干扰（ISI）。每个子信道上的信号带宽小于信道的相关带宽，因此，每个子信道上可以看作平坦性衰落信道，从而可以消除码间串扰，而且由于每个子信道的带宽仅仅是原信道带宽的一部分，使得信道均衡相对容易。

通常的数字调制都是在单个载波上进行的，如 PSK、QAM 等。这种单载波的调制方法易发生码间干扰而增加误码率，而且在多径传播的环境中因受瑞利衰落的影响而会造成突发误码。若将高速率的串行数据转换为若干低速数据流，每个低速数据流对应一个载波进行调制，组成一个多载波同时调制的并行传输系统。这样将总的信号带宽划分为 N 个互不重叠的子通道，N 个子通道进行正交频分多重调制，就可克服上述单载波串行数据系统的缺陷。

在 OFDM 传播过程中，高速信息数据流通过串并变换，分配到速率相对较低的若干子信道中传输，每个子信道中的符号周期相对增加，这样可减少因无线信道多径时延扩展所产生的时间弥散性对系统造成的码间干扰。另外，由于引入保护间隔，在保护间隔大于最大多径时延扩展的情况下，可以最大限度地消除多径带来的符号间干扰。如果用循环前缀作为保护间隔，还可避免多径带来的信道间干扰。

在过去的频分复用（FDM）系统中，整个带宽分成 N 个子频带，子频带之间不重叠，为了避免子频带间相互干扰，频带间通常加保护带宽，但这会使频谱利用率下降。为了克服这个缺点，OFDM 采用 N 个重叠的子频带，子频带间正交，因而在接收端无须分离频谱就可将信号接收下来。

从产业发展的角度看，OFDM 技术的应用已有近 40 年的历史，主要用于军用的无线高频通信系统。但是 OFDM 系统的结构复杂，限制了其进一步推广。直到人们采用离散傅里叶变换来实现多个载波的调制，简化了系统结构，使得 OFDM 技术更趋于实用化。

由于 OFDM 的频率利用率最高，又适用于 FFT 算法处理，近年来在多种系统中得到成功的应用，在理论和技术上已经成熟。因此，3GPP/3GPP2 成员多数推荐 OFDM 作为第四代移动通信无线接入技术之一。

OFDM 调制是一类特殊的多载波调制，各个子信道上的子载波互相正交。对于每个子信道，关联一个如下形式的正弦载波

$$s_k(t) = \cos 2\pi f_k t \quad k = 0, 1, \cdots, N-1 \tag{2.4}$$

式中，f_k 是第 k 个子信道的中心频率。在符号间隔 T 上，各个子载波都是相互正交的。即

$$\int_0^T \cos(2\pi f_k t + \varphi_k)\cos(2\pi f_j t + \varphi_j)\mathrm{d}t = 0 \tag{2.5}$$

式中，$f_k - f_j = n/T, n = 0, 1, \cdots, N-1$，与相位值无关。每一个子载波上的符号速率降低为 $1/N$。如果 N 选得足够大，其符号间隔 T 就可以远远大于信道色散的持续时间，使其可以很好地抵抗频率选择性衰落，每一个子信道都可以看作是平坦的。其每一个子载波都受到 M 进制的 QAM 调制。在本书的实验中所涉及的 OFDM 信号，子载波采用的是 64QAM 调制，带宽为 20 MHz。

OFDM 存在诸多优点：

首先，抗衰落能力强。OFDM 把用户信息通过多个子载波传输，则每个子载波上的信号时间就相应地比同速率的单载波系统上的信号时间长很多倍，使 OFDM 对脉冲噪声（Impulse Noise）和信道快衰落的抵抗力更强。同时，通过子载波的联合编码，达到了子信道间的频率分集的作用，也增强了对脉冲噪声和信道快衰落的抵抗力。因此，如果衰落不是特别严重，就没有必要再添加时域均衡器。

其次，频率利用率高。OFDM 允许重叠的正交子载波作为子信道，而不是传统的利用保护频带分离子信道的方式，从而提高了频率利用效率。

再次，适合高速数据传输。OFDM 自适应调制机制使不同的子载波可以按照信道情况和噪声背景的不同而使用不同的调制方式；当信道条件好的时候，采用效率高的调制方式；当信道条件差的时候，采用抗干扰能力强的调制方式。再有，OFDM 加载算法的采用，使系统可以把更多的数据集中放在条件好的信道上，以高速率进行传送。因此，OFDM 技术非常适合高速数据传输。

最后，抗码间干扰（ISI）能力强。码间干扰是数字通信系统中除噪声干扰之外最主要的干扰，它与加性的噪声干扰不同，是一种乘性的干扰。造成码间干扰的原因有很多，实际上，只要传输信道的频带是有限的，就会造成一定的码间干扰。OFDM 由于采用了循环前缀，对抗码间干扰的能力很强。

但同时，OFDM 技术也存在下述缺点：

首先，OFDM 对频偏和相位噪声比较敏感。OFDM 技术区分各个子信道的方法是利用各个子载波之间严格的正交性。频偏和相位噪声会使各个子载波之间的正交特性恶化，仅仅 1% 的频偏就会使信噪比下降 30 dB。因此，OFDM 系统对频偏和相位噪声比较敏感。如文献[90]所述，为了解决空闲保护间隔所存在的子载波间干扰问题，可采用循环前缀的方法。循环前缀就是将每个

OFDM 符号的信号波形的最后时间内的波形复制到前面原本是空闲保护间隔的位置上。对于 IFFT 实现来说，就是将最后的若干个样值复制到前面，形成前缀。从离线时间的角度看，多径信道可以表示为一个有限冲激响应线性系统，信道输出是发送序列和信道冲激响应的线性卷积。采用循环前缀后，信道输出的后 N 各样值是发送序列和信道冲击响应的循环卷积。循环卷积可以保证各子载波上发送的时间序列经过多径信道传输，在去除前缀后，仍能保持正交。

其次，OFDM 功率峰值与均值比（PAPR）大，导致射频放大器的功率效率较低。与单载波系统相比，由于 OFDM 信号是由多个独立的经过调制的子载波信号相加而成的，这样的合成信号就有可能产生比较大的峰值功率，也就会带来较大的峰值均值功率比，简称峰均值比。对于包含 N 个子信道的 OFDM 系统来说，当 N 个子信道都以相同的相位求和时，所得到的峰值功率就是均值功率的 N 倍。当然，这是一种非常极端的情况，通常 OFDM 系统内的峰均值不会达到这样高的程度。高峰均值比会增加对射频放大器的要求，导致射频信号放大器的功率效率降低。

最后，OFDM 负载算法和自适应调制技术会增加系统复杂度。负载算法和自适应调制技术的使用会增加发射机和接收机的复杂度。

目前 OFDM 多载波调制技术已广泛应用于高速无线通信中，例如数字用户环路、数字音频广播、数字视频广播、无线局域网、无线城域网等。该技术也是 4G、5G 移动通信空口解决方案之一。

2.2.2 数模/模数转换

数模/模数转换器是通信链路射频前端的重要组成部分。

对于模数转换，其过程需要采样、保持、量化、编码四个步骤。采样是指，定时对连续变化的模拟信号进行测量，得到瞬时值；保持是指，采样结束后，将得到的信号保持一段时间，使 ADC 有充分时间进行 ADC 转换。一般采样脉冲频率越高、采样越密，采样值就越多，采样保持电路的输出信号就越接近输入信号的波形；量化指将采样电压转换为某个最小单位电压的整数倍；编码指用二进制代码表示量化后的量化电平。一般而言，量化级越细，量化误差就越小，所用二进制代码的位数就越多。常见的模数转换器主要分成三种，即积分型、逐次比较型、调制型。其中，积分型将输入电压转换成脉冲宽度信号或脉冲频率，使用定时器/计数器获取数字值；逐次比较型由一个比较器和 DAC 转换器通过逐次比较逻辑构成，从最高位开始，顺序地对每一位将输入电压与内置 DAC 转换器的输出进行比较，经过 n 次比较来输出数字值，这个类型的 ADC 可以看作使用快速逼近-快速排序的方法来让 DAC 输出值靠近模拟值来实现 ADC；调制型由积分器、比较器、1 位 DAC 转换器和数字滤波器等构成，将输入电压转换成脉冲宽度信号，使用数字滤波器处理后得到数字值。

对于数模转换，其基本结构分为数字寄存器、模拟开关和转换网络、参考电压源、求和放大器等关键元素。并分为电压输出型及电流输出型两种类型。电压输出型为从电阻网络直接输出电压，通常会在输出端加放大器来降低输出阻抗。电流输出型一般很少直接利用电流输出，大多数会外接电流-电压转换电路得到电压输出。常见的数模转换器为电压输出型。

其在全双工通信系统的设计与实验中起着至关重要的作用。根本原因在于，自干扰信号的功率一般比有用信号功率大几十甚至上百分贝，而 ADC 的量化精度是有限的，与其量化的位数有关。对于全双工通信系统来讲，量化位数限制了最大发射功率[23,91]。

如图 2.3 所示，由于自干扰信号功率比有用信号功率大很多，故其会占满量化位数，而有用信号由于功率太小，无法被量化，淹没在自干扰信号当中。在实际应用当中，若量化位数足够，ADC 对全双工的影响可以忽略[92]。

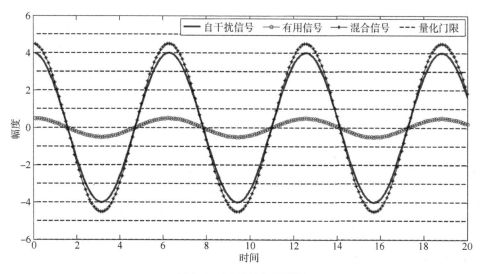

图 2.3 ADC 量化示意图

本节给出关于模数转换/数模转换在实验过程中涉及的重要指标和参数[93]。假设 ADC 的输入电压范围为 $(-V, V)$，分辨率为 N 比特，则该 ADC 拥有 2^N 个量化电平，转换精度为

$$\Delta V = 2V/2^N \tag{2.6}$$

ADC 的信噪比反映了量化过程后的无噪声信号的均方根值与量化噪声的均方根值的比值。若输入信号为正弦波 $\frac{1}{2}\sin(\omega t+\varphi)$，则 SNR 大小为

$$\mathrm{SNR(dB)} = 6.02N + 10\lg[f_s/(2f_{\max})] + 1.76 \qquad (2.7)$$

式中，f_s 为抽样频率；$f_{\max}$ 为最高频率。由上式可知，ADC 的信噪比主要取决于分辨率 N，其每增加 1 bit，信噪比将增加 6 dB。

在实际应用时，由于存在着电路中的非线性畸变，电路中的电噪声等因素，不能只以理想的分辨率来度量系统的性能。在实际应用中，可以在测量的 SNR 的基础上，将上述因素统归为量化噪声进行折算，进而得到 ADC 的有效转换位数（Effective number of bits，ENOB）

$$\mathrm{ENOB} = \frac{\mathrm{SNR} - 1.76}{6.02} \qquad (2.8)$$

其反映了理想的 ADC 器件为达到实际的 SNR 所需具有的实际分辨率的大小。

文献[94]研究了 ADC 对自干扰抑制能力的影响，结果表明，当量化位数足够时，量化位数对全双工的影响可以忽略。文献[95]提出了一种算法补偿 ADC 采样时钟抖动。仿真结果表明，自干扰信号消除效果可提升最大 20 dB，相应地，全双工系统的性能会变优。

2.2.3　天线与电波

参考文献[96]中定义，无线通信系统由收发设备、天线和信道三个部分组成。无线通信系统的传播距离不仅取决于发送设备的输出功率、接收设备的接收灵敏度和信噪比，还取决于天线的性能和电波传播的特性。而天线的性能和电波传播的特性起着更加重要的作用。

具体而言，天线是能够有效地向空间某特定方向辐射电磁波或者能够有效地接收空间某特定方向来的电磁波的装置。无线电发射机输出的射频信号功率，通过馈线（电缆）输送到天线，由天线以电磁波形式辐射出去。电磁波到达接收地点后，由天线接收，并通过馈线送到无线电接收机。

天线种类繁多，按照不同的分类方法都可以给出不同的类型。按工作波长，可分为超长波天线、长波天线、中波天线、短波天线、超短波天线、微波天线等；按方向性，可分为全向天线和定向天线；按用途，可分为通信天线、广播天线、电视天线、雷达天线。

如前文所述，由于全双工通信系统中空域中的被动消除在自干扰信号消除和处理中重要的作用，故本节简要介绍天线与电波的基本知识，包括电基本振

子的辐射、天线的极化、天线的增益及本实验方案中所涉及的半波偶极子天线的具体知识。后续的被动消除方案及实验方案都是基于这些理论基础知识形成的。

➢ 电基本振子的辐射

如文献[97]所述,电基本振子又称电流元,指理想的高频电流直导线,长度 l 远小于波长 λ,同时,振子沿线的电流处处等幅同相。由于其可以构成实际中更复杂的天线,故其是研究复杂天线的基础。由于全双工通信系统中实际通信距离远大于 2.4 GHz 频段对应的波长 $\lambda = 12.5$ cm,故只讨论远场区的情况$\left(即 r \gg \dfrac{\lambda}{2\pi}\right)$,参考坐标系如图 2.4 所示。

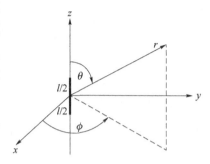

图 2.4 电基本振子的坐标

远区场表达式为

$$\left. \begin{array}{l} H_\varphi = \mathrm{j}\dfrac{Il}{2\lambda r}\sin\theta \mathrm{e}^{jkr} \\ E_\theta = \mathrm{j}\dfrac{60\pi Il}{\lambda r}\sin\theta \mathrm{e}^{jkr} \\ H_r = H_\theta = E_\varphi = E_r = 0 \end{array} \right\} \quad (2.9)$$

式中,r、θ、φ 表示球坐标系中矢量的各个分量;$k = \omega\sqrt{\mu_0 \varepsilon_0} = 2\pi/\lambda$,$\varepsilon_0$ 为自由空间介电常数,μ_0 为自由空间导磁率。

➢ 天线的极化

目前,国内外关于极化信息处理技术在无线通信系统中的研究与应用,主要集中在雷达、卫星、移动通信三个方面。雷达中的极化信息处理利用电磁波本身的极化矢量性,通过极化测量及数据校准来获取目标的极化信息,主要集中在极化雷达成像、抗干扰以及极化目标识别等领域方面的研究,并逐步由窄带、单极化、低分辨率向宽带、全极化、高分辨率成像方向发展。卫星通信领域的极化信息处理研究主要应用于解决地球站和卫星天线对齐即极化匹配接收问题,以及利用相互正交的双极化实现频谱复用解决卫星通信中频谱资源越发紧张的问题。

天线极化是描述天线辐射电磁波矢量空间指向的参数。由于电场与磁场有恒定的关系,故一般都以电场矢量的空间指向作为天线辐射电磁波的极化方向。

一般而言，天线的计划指该天线在最大辐射方向上的电场的空间取向。一般分为线极化、圆极化和椭圆极化。其中，电场矢量在空间的取向固定不变的电磁波叫线极化。以地面为参数，电场矢量方向与地面平行的叫水平极化，与地面垂直的叫垂直极化。电场矢量与传播方向构成的平面叫极化平面。垂直极化波的极化平面与地面垂直；水平极化波的极化平面则垂直于入射线、反射线和入射点地面的法线构成的入射平面。

当无线电波的极化面与大地法线面之间的夹角从0°到360°周期地变化，即电场大小不变，方向随时间变化，电场矢量末端的轨迹在垂直于传播方向的平面上投影是一个圆时，称为圆极化。在电场的水平分量和垂直分量振幅相等，相位相差90°或270°时，可以得到圆极化。对于圆极化，若极化面随时间旋转并与电磁波传播方向成右螺旋关系，称右圆极化；反之，若成左螺旋关系，称左圆极化。

由于电波的特性决定了水平极化传播的信号在贴近地面时会在大地表面产生极化电流，极化电流因受大地阻抗影响产生热能而使电场信号迅速衰减，而垂直极化方式则不易产生极化电流，从而避免了能量的大幅衰减，保证了信号的有效传播。因此，在移动通信系统中，一般均采用垂直极化的传播方式。另外，随着新技术的发展，大量采用双极化天线。就其设计思路而言，一般分为垂直与水平极化和±45°极化两种方式，性能上一般后者优于前者，因此大部分采用的是±45°极化方式。

天线不能接收与其正交的极化分量，即极化分集特性。即对于线极化来讲，垂直极化波只能被垂直极化特性的天线接收，水平极化只能被水平极化特性的天线接收。这种情况下称为极化完全隔离。该性质被研究者们与MIMO方案相结合，应用在被动消除的方法中[45]，如图2.5所示。

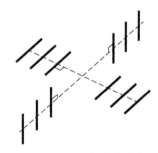

图2.5 采用交叉极化的被动消除方案

区别于前述的极化分级，极化还被用于信号复用。信号复用是利用两个或多个极化状态之间的不相关特性来同时发送并接收两路或多路不同的极化信号，可利用信号在正交极化信道中存在不相干衰落效应，利用正交极化信道获得极化复用增益，特别是在莱斯信道中或视距传播场景，信号复用增益更为显著。同时，利用双极化天线，不仅可获得信号正交分量上的标量信息，也可以同时获得分量间的相对信息，如相对幅度、相对角度等信息。因此，通过在接收端设置双极化天线，可有效捕捉接收信号包括极化信息在内的全部信息，并加以充分利用，实现极化域的频谱感知，如已提出的基于虚拟变极化的能量感知、基于似然比检验的极化感知以及基于瞬态Stokes子矢量极化感知等方法，为解决频谱紧缺的问题提供新的途径。

➢ 天线的增益

天线增益指在同一距离及相同输入功率的条件下，某天线在最大幅度方向上的辐射功率密度 S_{max} 和理想无方向性天线（理想点源）的辐射功率密度 S_0 之比

$$G = \frac{S_{max}}{S_0} \tag{2.10}$$

它定量地描述一个天线把输入功率集中辐射的程度。增益显然与天线方向图有密切的关系，方向图主瓣越窄，副瓣越小，增益越高。天线增益用来衡量天线朝一个特定方向收发信号的能力，它是选择基站天线最重要的参数之一。一般来说，增益的提高主要依靠减小垂直面向辐射的波瓣宽度，而在水平面上保持全向的辐射性能。

图2.6给出了低、中、高三个增益的天线方向示意图。从图中可以看出，增益越高的天线，其能覆盖的范围越远，指向性越好。天线增益不仅是天线最重要的参数之一，而且对无线通信系统的运行质量也非常重要，增加天线增益，就可以增大某个方向上的信号覆盖范围，或者范围不变，但该范围内的信号强度增强。对于单天线而言，要想提高天线的增益，最简单的办法就是将天线的发射方向进一步缩窄，就是所谓的缩窄波瓣宽度。在带宽和频谱不变的前提下，为了提高系统的用户容量、数据吞吐量、覆盖距离和范围，智能天线技术和MIMO技术应运而生。其中，智能天线技术利用多个天线组成天线阵列，利用天线之间的位置关系，通过向用户发送相同的数据，相当于某个方向上集中辐射能量，从而提高天线增益。对于本书中所涉及的实验，考虑到指向性和覆盖范围，选取的天线的增益为6 dBi。

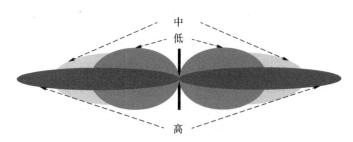

图 2.6　不同增益的天线的方向示意图

➤ 天线的工作带宽

天线的工作带宽是一个关于频率的范围。在这个频率范围内，该天线的性能满足某个特定的标准。对宽带天线而言，带宽通常用最高工作频率与最低工作频率之间的比值来表示。例如，一个带宽为 10∶1 的天线，其高频是低频的 10 倍。窄带天线的带宽通常用一个带宽的差值（最高工作频率与最低工作频率之差）与中心频率之比的百分数来表示。

由于一个天线的特性（输入阻抗、远场辐射方向图、增益、极化等）并不会以同样的方式变化，并且受频率的影响也不尽相同，因此天线的远场辐射方向图与天线的输入阻抗随着频率的变化会有较大的变化。为了满足无线通信系统对于相似方向图和良好阻抗匹配的需求，可以采用方向图带宽和阻抗带宽来定义该天线的性能。与方向图带宽相关联的参数是增益、旁瓣电平、波束宽度、极化以及波束方向；而与阻抗带宽有关系的参数是输入阻抗和辐射效率。例如，一个总长度小于半个波长的偶极子的远场辐射方向图并不会随着频率的变化发生明显的变化，具有稳定的远场方向图。而其输入阻抗随频率具有明显的变化。对于臂长是中等长度的偶极子天线，其工作带宽不仅受限于方向图还受限于输入阻抗，至于是用方向图带宽还是阻抗带宽取决于天线的应用需求。

➤ 偶极子天线

WARP V3 中的收发前端工作在 2.4 GHz，故实验当中采用 WiFi 应用中普遍采用的偶极子天线。

偶极子天线是在无线电通信中，使用最早、结构最简单、应用最广泛的一类天线。它由一对对称放置的导体构成，导体相互靠近的两端分别与馈电线相连。用作发射天线时，电信号从天线中心馈入导体；用作接收天线时，也在天线中心从导体中获取接收信号。常见的偶极子天线由两根共轴的直导线构成，这种天线在远处产生的辐射场是轴对称的，并且在理论上能够严格求解。偶极子天线是共振天线，理论分析表明，细长偶极子天线内的电流分布具有驻波的形式，驻波的波长正好是天线产生或接收的电磁波的波长。最常见的偶极子天线是半波天线,它的总长度近似为工作波长的一半。除了直导线构成的半波天线,有时也会使用其他种类的偶极子天线,如直导线构成全波天线、短天线,以及形状更为复杂的笼形天线、蝙蝠翼天线等。

本小节对偶极子天线的相关特性进行简要介绍[98]。其电流分布 E_θ 可以写成

$$E_\theta \simeq j\eta \frac{I_0 e^{-jkr}}{2\pi r} \left[\frac{\cos\left(\frac{kl}{2}\cos\theta\right) - \cos\left(\frac{kl}{2}\right)}{\sin\theta} \right] \quad (2.11)$$

式中,I_0 为常数;$\eta = \sqrt{\frac{\mu_0}{\varepsilon_0}} = 120\pi$;$l$ 为偶极子振子长度。由于磁场分布 H_φ 和电流分布具有对偶性质,故

$$H_\varphi \simeq \frac{E_\theta}{\eta} \simeq j\frac{I_0 e^{-jkr}}{2\pi r} \left[\frac{\cos\left(\frac{kl}{2}\cos\theta\right) - \cos\left(\frac{kl}{2}\right)}{\sin\theta} \right] \quad (2.12)$$

由此推出的其坡印亭矢量

$$\boldsymbol{W}_{av} = \frac{1}{2}\text{Re}[\boldsymbol{E}\times\boldsymbol{H}^*] = \hat{\boldsymbol{a}}_r \eta \frac{|I_0|^2}{8\pi^2 r^2} \left[\frac{\cos\left(\frac{kl}{2}\cos\theta\right) - \cos\left(\frac{kl}{2}\right)}{\sin\theta} \right]^2 \quad (2.13)$$

式中,$\hat{\boldsymbol{a}}_r$ 为 r 方向的单位矢量,故其辐射功率函数为

$$P_{rad} = \oiint_S \boldsymbol{W}_{av} \cdot d\boldsymbol{s} = \eta \frac{|I_0|^2}{4\pi} \int_0^\pi \frac{\left[\cos\left(\frac{kl}{2}\cos\theta\right) - \cos\left(\frac{kl}{2}\right)\right]^2}{\sin\theta} d\theta \quad (2.14)$$

通过上式可以看出,辐射功率与振子长度 l 有关系。在一定范围内,其方向性随着 l 的增加变得更好。见表 2.1。

表 2.1 不同振子长度下的 3 dB 带宽

l	3 dB 带宽
$\lambda/4$	87°
$\lambda/2$	78°
$3\lambda/4$	64°
λ	47.8°

通过 MATLAB 软件仿真,不同振子长度对天线方向图的影响如图 2.7 所示。

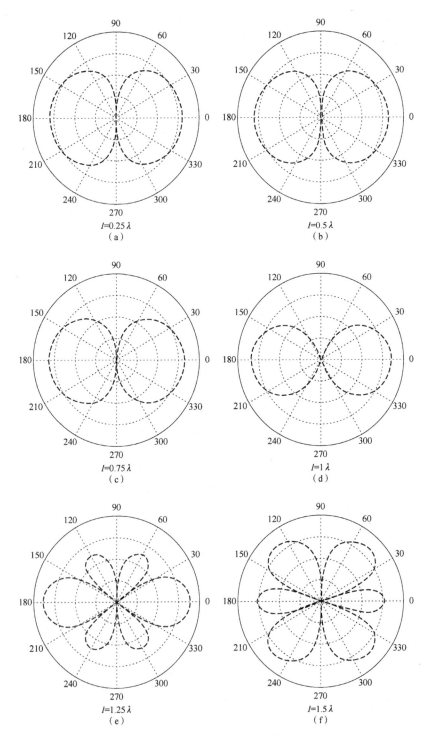

图 2.7 不同振子长度对应的天线方向图

从图 2.7 可以看出，当 $l<\lambda$ 时，随着 l 的增加，天线的方向性越来越好，即其方向图越来越"扁"。但当 $l>\lambda$ 时，振子的上方和下方的旁瓣会越来越大，将功率分散。本书所涉及的全双工无线通信系统的实验频率为 2.4 GHz，其对应的波长 $\lambda = c/f = 12.5$ cm。如采用最理想的情况，即 $l=\lambda$，其振子长度为 12.5 cm，其天线尺寸会更大，故典型的 WiFi 天线一般不考虑最理想的情况。兼顾方向性和尺寸，半波偶极子天线一般为 WiFi 常用天线。

综上，本实验中，最终选择的天线为半波偶极子天线，天线增益为 6 dBi。

➢ 微带天线

如文献[49]所述，在高性能飞机、航天器、卫星和导弹等无线通信系统应用中，需要考虑天线的尺寸、重量、加工成本、性能、安装难易度以及流线型的外形等。目前一些政府机构以及某些商业应用（例如移动无线电和无线通信）对天线也有诸如此类的要求。为了满足这些需求，可以考虑使用微带天线。微带天线具有低剖面、易共形、利用现代的印刷电路技术加工简单且造价低廉、易与 MMIC 设计兼容。微带贴片的形状和工作模式不同，会导致天线谐振频率、辐射电磁波的极化方式、远场辐射方向图以及天线输入阻抗不同。对于微带贴片来说，可以在其辐射贴片与地之间加入一些可变器件，如 PIN 二极管和变容二极管，可以使其变成工作频率可调、输入阻抗可调、极化可调及远场方向图可调的天线。微带天线的主要缺点是效率低、功率低、品质因数 Q 高（时常大于 100）、极化纯度低、相扫特性差、馈电结构会带来寄生辐射以及工作频带窄。其工作频带通常只有百分之几到百分之十几。然而，可以通过一些方法对其带宽进行展宽。比如，增加天线介质板的厚度，可以提高天线的效率和工作频带（达到 35%）。虽然增厚介质板可以展宽工作频带，但是也会带来表面波。表面波会浪费一部分本可以用来进行空间辐射的功率。表面波存在于介质板中，会在弯折或不连续处发生散射，影响天线的远场方向图和天线的极化。利用腔体可以维持天线的宽频带且可以抑制增加介质板厚度产生的表面波。除此之外，对天线单元进行堆叠也可以增加天线的工作频带。

2.2.4 无线信号传播

如文献[89]中所述，无线信道要成为一种可靠的高速通信媒介存在着严峻的挑战。无线信道易受噪声、干扰和其他信道因素的影响，而且由于用户的移动和信道的动态变化，这些因素还在随时间随机变化。本节讨论由路径损耗和阴影效应所引起的接收信号随距离变化的规律。路径损耗是由发射功率的辐射扩散及信道的传播特性造成的。在路径损耗模型中，一般认为对于相同的收发距离，路径损耗也相同。阴影效应是由发射机和接收机之间的障碍物造成的，这些障碍物通过吸收、反射、散射和绕射等方式衰减信号功率，严重时会阻断信号。路径损耗引起长距离接收功率的变化，而阴影引起障碍物尺度距离上功率的变化。两者在相对较大的距离上引起功率变化，故称其为大尺度传播效应。同时，多径信号干涉也会引起接收功率的变化，但这种变化发生在波长数量级距离上，这个距离较短，所以称为小尺度传播效应。

无线信号在空间中的传播特性对于全双工通信的研究是至关重要的。在无线通信中，无线传播是指无线电波从发射机传播到接收机的行为。无线信道是动态且不可预测的，它最典型的一个特征就是"衰落现象"。即信号幅度在时间和频率上的波动。加性噪声是信号恶化的最普遍来源，而衰落是其另一种来源。与加性噪声不同的是，衰落在无线信道中引起非加性的信号扰动。衰落也可以由多径传播引起（称之为多径衰落），或者由障碍物的遮蔽引起（称之为阴影衰落）。

对于被动消除机制的研究，主要就是考虑如何使自干扰信号在到达接收天线处时功率最小，同时，使有用信号到达接收天线处使功率最大。一般根据接收机和发射机的距离，可分为大尺度衰落和小尺度衰落。本节主要参考文献[99]给出具体介绍。

> 大尺度衰落

大尺度衰落包括传输损失、阴影衰落。同时，应明确大尺度衰落都是慢衰落，但是慢衰落不一定是大尺度衰落。

对于传输损失（路径损失），无线电信号通过大尺度距离的信道传输时，随传输路径的增加，电波能量扩散，导致接收信号平均功率衰减。其衰减量与传输距离有关，距离越大，衰减量越多。

对于阴影衰落，无线电信号在中尺度距离的信道中传输时，由于地形起伏或高大建筑物群等障碍物遮挡，在阻碍物的背后形成阴影区，导致接收信号平均功率随机变化。其衰落特性服从对数正态分布。

大尺度衰落主要用于预测平均场强并估计无线覆盖范围，其描述的是发射机与接收机的长距离上的场强信号。在全双工通信系统中，大尺度衰落模型主要用于估算远端有用信号到达本节点接收机处的信号平均场强（或功率）。在实验中，我们考虑了视距模型（Line-of-Sight，LOS）和非视距模型（Non Line-of-Sight，NLOS）两种情况，以验证全双工通信系统的有效性。对于视距模型的信号估计，可采用自由空间传播模型

$$P_r(d) = \frac{P_t G_t G_r \lambda^2}{(4\pi)^2 d^2 L} \tag{2.15}$$

其中，P_t 为发送功率；$P_r(d)$ 为接收功率；d 为发射机和接收机之间的距离；G_t 是发射天线增益；G_r 为接收天线增益，L 系统损耗因子；λ 为波长。计算信号衰减时，单位为 dB，在计算天线增益时，路径损耗可写为

$$\text{PL}(\text{dB}) = 10\lg\frac{P_t}{P_r} = -10\left[\frac{G_t G_r \lambda^2}{(4\pi)^2 d^2}\right] \tag{2.16}$$

特别指出的是，该模型仅在 d 为发射天线远场值时适用，远场值指超过远场距离 d_f 的区域，与天线的尺寸 D 和载波波长 λ 有关，其中 $d_f = \frac{2D^2}{\lambda}$。

> 小尺度衰落

小尺度衰落指无线电信号在短距离传播后幅度、相位等特性快速变化，以至于大尺度衰落路径损耗的影响可以忽略不计。对于全双工通信系统中的自干扰信号的传播，由于单一节点的发送天线和接收天线的距离非常近（通常为几十厘米，与波长属于一个数量级），故应采用小尺度衰落的模型来分析。

考虑节点是静止的情况，影响小尺度衰落的因素主要有两个方面：多径传播和信号带宽。对于多径传播，由于室内环境中存在墙、房顶及各种物体，使信号幅度、相位及到达接收端的时间发生了变化，形成不同的多径成分。这些具有随机分布幅度、相位和入射角度的多径成分被接收机天线按向量合并成幅度和相位都急剧变化的信号，使得接收信号产生衰落失真，这种由多径传播引起的衰落称为多径衰落，属于小尺度衰落。如只有两个路径的单频正弦信号到达接收端，如果两个路径接收到的正弦信号正好相差半个波长（也就是相位相差180°），那么接收端进行合成之后，两路信号就会正好抵消了，就直接为0了，这就是多径传播带来的后果。对于信号带宽，如果信号的传输带宽大于多径信号带宽，那么接收信号可能发生频率选择性失真。一般用相关带宽来衡量。

从小尺度衰落的特征参数方面看，可分为时域扩展视角的时延扩展、相干带宽及频域扩展视角的多普勒扩展、相关时间两个维度。

在时域扩展视角，接收信号由多个可分辨的独立多径信号组成，致使接收信号持续时间比该信号发送时的持续时间长，造成了时域上的时间色散，用时延扩展来衡量；在频域上，反映为频率选择性衰落，用相干带宽衡量。

（1）时延扩展：最后到达接收机的信号与最先到达接收机的信号之间的时间差。

（2）相干带宽：约等于时延扩展的倒数，但是在一般的情况下，要确定多径信道对某一特定信号的精确影响，需要用到频谱分析技术与仿真。当两个频率分量的频率间隔小于相干带宽时，它们具有很强的幅度相关性。

在频域扩展视角，信道的时变特性是由移动台与基站之间的相对运动引起的，或是由信道路径中物体的运动引起的，其本质是多个不可分辨路径的叠加造成时域信号的波动。时变特性决定了信道的频率色散，相干时间和多普勒扩展是描述这两个特性（时变特性和频率色散）的重要参数。

（1）多普勒扩展：多普勒扩展是频率展宽的测量值，定义为单一频率正弦波（未被调制的载波）传输时的频谱带宽。对接收信号的影响是传输信号频率的多普勒扩展，而不是最大的多普勒频移。如果基带信号的带宽远远大于多普勒扩展，那么接收端就可以忽略多普勒扩展的影响（多普勒频移是频率的瞬时变化值，是一个频率值，而多普勒扩展是一个频率范围）。

（2）相干时间：信道的相干时间是一个时间量度，用于时域描述信道频率色散的时变特性。相干时间可以简单地认为约等于最大多普勒频移的倒数。在这个期望的持续时间上，信道对信号的响应基本是时不变的，即在此间隔内，两个到达信号有很强的幅度相关性（在上面的相干带宽中也提到了很强的幅度相关性）。

从小尺度衰落的分类来看，小尺度衰落的类型取决于发送信号的特性（信号带宽和符号周期）和信道特性（时延扩展和多普勒扩展）。信号参数和信道参数之间的关系决定了不同的发送信号会经历不同的衰落特性。根据信道的时延扩展，可以把信道分为平坦衰落信道和频率选择性衰落信道；根据信道的多普勒扩展，可以把信道分为快衰落信道和慢衰落信道。

基于多径时延扩展的衰落效应

多径特性引起的时间色散使得接收端收到许多不同时延的脉冲组成的信号。对应于频域，信道对发送信号进行了滤波，信号中不同频率的分量衰落幅度不一样，从而导致了发送信号产生平坦衰落和频率选择性衰落。

（1）平坦衰落：如果移动无线信道带宽大于发送信号的带宽，且在带宽范围内有恒定增益和线性相位，则接收信号就会经历平坦衰落。在平坦衰落的情形下，信道的多径结构使发送信号的频谱特性在接收机处保持不变。但由于多径效应结构导致信道增益的起伏，使接收信号的强度会随时间变化。典型的平坦衰落信道可导致深度衰落，因此，在深度衰落期间常需要增加一定的发送功率。

（2）频率选择性衰落：若信道具有恒定增益且线性相位的带宽范围小于

发送信号带宽，则该信道特性会导致接收信号产生频率选择性衰落。在频率选择性衰落的情况下，信道冲激响应具有多径时延扩展，其值大于发送信号周期。此时接收信号中包含经历了衰减和时延的发送信号波形的多径波，因而接收信号产生失真，从而引起符号间干扰（ISI）。

- 当信号的带宽小于信道的相干带宽时，就可以认为信号所有的频率分量都是同时增大或减小，这样就不会造成失真。
- 当信号的带宽大于信道的相干带宽时，那么信号中有些频率和其他频率就不会同时增大或同时减小，就会出现有些频率分量被增强了，而有些频率分量被削弱了，这就是频率选择性衰落，这就会造成失真。

基于多普勒扩展的衰落效应

由于移动台与基站之间的相对运动，或是由于信道路径中物体的运动，多普勒扩展得以产生，引起信道随时间的变化，从而产生信道的时变特性（时间选择性）。根据发送信号与信道变化快慢程度的比较，信道可分为快衰落信道和慢衰落信道。

（1）快衰落：当信道的相干时间比发送信号的周期短，且基带信号的带宽小于多普勒扩展时，信道冲激响应在符号周期内变化很快，从而导致信号产生快衰落。从频域上可看出，由快衰落引起的信号失真随发送信号带宽的多普勒扩展的增加而加剧。

（2）慢衰落：当信道上的相干时间远远大于发送信号的周期，且基带信号的带宽远远大于多普勒扩展时，信道冲激响应的变化比要传送的信号码元周期低得多，则可以认为该信道是慢衰落信道，在慢衰落信道中，可认为信道参数在一个或多个信号码元周期内是稳定的。

当信道被认定为快衰落或慢衰落信道时，并不能据此认定衰落为平坦衰落或为频率选择性衰落。快衰落仅与由运动引起的信道变化有关。在频率选择性衰落和快衰落信道中，任意多径分量的幅度、相位及时间变化率都快于发送信号的变化率。事实上，快衰落仅发生在数据速率非常低的情况下。

其中对于一般的生活场景，移动台的移动速度都比较慢，所以主要是频率选择性慢衰落，典型的就是3G、4G、5G。然而对于高铁上或者高速上（120 km/h）的速度而言，就成了频率选择性快衰落（双选衰落、双选信道）。

典型的描述小尺度衰落的分布函数有瑞利分布和莱斯分布。瑞利分布用于描述收发信机之间不存在视距传播（LOS）的独立多径分量的包络统计特性；莱斯分布是在瑞利分布的基础上，又加上了一条直射径的影响而造成的衰落类型。

2.2.5 自适应滤波器

本小节介绍自适应滤波器的原理。如文献[100]所述，在带宽受限（频率选择性的）且时间扩散的信道中，由于多径影响而导致的符号间干扰会使被传输的信号失真，从而在接收机中产生误码。符号间干扰被认为是在无线信道中传输高速率数据时的主要障碍，而均衡正是克服符号间干扰的一种技术。

从广义上来讲，均衡可以指任何用来削弱符号间干扰的信号处理操作。在无线信道中，可以使用各种各样的自适应均衡器来消除干扰，并同时提供分集。由于移动衰落信道具有随机性和时变性，这就要求均衡器必须能够实时地跟踪移动通信信道的时变特性，因此，这种均衡器又称为自适应均衡器或自适应滤波器。

自适应滤波器是指根据环境的改变，在一般不改变自适应滤波器结构的前提下，使用自适应算法来改变滤波器的参数的滤波器。即其系数自动连续地适应于给定信号，以获得期望响应。自适应滤波器的最重要的特征就在于它能够在未知环境中有效工作，并能够跟踪输入信号的时变特征。自适应滤波器可以是连续域的或是离散域的。离散域自适应滤波器由一组抽头延迟线、可变加权系数和自动调整系数的机构组成。

自适应滤波器一般包括两种工作模数，即训练模式和跟踪模式。首先，发射机发射一个已知的、定长的训练序列，以便接收机中的均衡器可以调整恰当的设置，使得 BER 最小。典型的训练序列是一个二进制的伪随机信号或是一串预先指定的数据比特，而紧跟在训练序列之后被传送的是用户数据。接收机中的自适应均衡器将通过递归算法来评估信道特性，并且修正滤波器系数，以对多径造成的失真做出补偿。在设计训练序列时，要求做到及时在最差的信道条件（如最快车速移动、最长时延扩展、深度衰落）下，均衡器也能通过这个序列获得恰当的滤波器系数。这样就可以在训练序列执行完之后，使得均衡器的滤波系数已经接近最佳值。而在接收用户数据时，均衡器的自适应算法就可以跟踪不断变化的信道。自适应均衡器将不断改变其滤波器特性，当均衡器收敛时，即说明已完成训练。

均衡器从调整参数至形成收敛，整个过程的时间跨度是均衡器算法、结构和多径无线信道变化率的函数。为了保证能有效地消除符号间干扰，均衡器需要周期性地做重复训练。均衡器常被放在接收机的基带或中频部分实现。

20世纪40年代初期,维纳首先应用最小均方准则设计最佳线性滤波器,用来消除噪声、预测或平滑平稳随机信号。60年代初期,卡尔曼等发展并导出处理非平稳随机信号的最佳时变线性滤波设计理论。维纳、卡尔曼滤波器都是以预知信号和噪声的统计特征为基础,具有固定的滤波器系数。因此,仅当实际输入信号的统计特征与设计滤波器所依据的先验信息一致时,这类滤波器才是最佳的。否则,这类滤波器不能提供最佳性能。70年代中期,维德罗等人提出自适应滤波器及其算法,发展了最佳滤波设计理论。

文献[101]中指出,自适应滤波器的参数可以自动地按照某种准则调整到最佳滤波。其具有自动学习和跟踪的特性,不需要关于信号和噪声的先验统计知识。

其原理如图2.8所示,其中,$x(n)$为输入信号,$y(n)$为输出信号,$d(n)$为期望信号,$e(n)=d(n)-y(n)$为误差信号,$H(z)$为自适应滤波器函数。其根据相关自适应算法及误差信号自动调节系数,使输出信号更加接近期望信号。对于全双工无线通信系统中数字消除部分来讲,$x(n)$可以理解为发送的信号,该信号已知,$d(n)$可以理解为发送的信号经过自干扰信道到达接收端后的基带数字信号,通过自适应滤波器$H(z)$的自适应调节,希望输出信号$y(n)$与$d(n)$尽量一致,以保证在基带能够更好地估计自干扰信道带来的畸变。

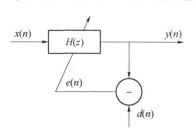

图 2.8　自适应滤波器原理图

如图2.9所示,自适应滤波器在全双工通信系统中为一个单输入系统,每个z^{-1}单元为一个延迟结构。假设滤波器的长度(即抽头数)为M,故需要M个延迟单元。输出信号$y(n)$可以表示为

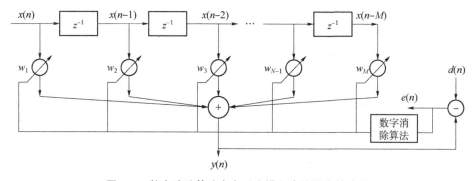

图 2.9　数字消除算法在自适应横向滤波器中的应用

$$y(n) = \sum_{m=0}^{M-1} w_m x(n-m) \qquad (2.17)$$

数字消除算法的重点即为系数 w_m 的估计。

自适应滤波器应用于通信领域的自动均衡、回波消除、天线阵波束形成，以及其他有关领域信号处理的参数识别、噪声消除、谱估计等方面。对于不同的应用，只是所加输入信号和期望信号不同，基本原理则是相同的。

目前，对于全双工领域，数字消除方面主要采用自适应滤波器进行研究。文献[102]研究了全双工信道话音传输中，采用 LMS 算法抵消自干扰信号。文献[103]研究了自适应 LMS 算法调整本地重建信号的幅度和相位，以进行数字消除，并指出算法性能与迭代次数、搜索步长、噪声功率等因素有关。

2.2.6 多址技术

在无线通信中，多址接入技术用来解决多个用户如何高效共享有限的物理链路资源。以上行通信为例，多个用户同时接入同一网络。为确保基站能够区分出不同用户的信息，其关键在于每个用户具备各异的特征。回溯移动通信的发展进程，必伴随着新型技术的产生，从漫长的研究和演化中得到应用。其中，多址接入的目标是有限资源配备给多个用户。

第一代移动通信是以模拟信号为代表的时代，采用频分多址（Frequency Division Multiple Access，FDMA）接入技术，即把信道频带分割为若干更窄的互不相交的频带（称为子频带），把每个子频带分给一个用户专用（称为地址），这种技术被称为"频分多址"技术。频分复用（FDM）是指载波带宽被划分为多种不同频带的子信道，每个子信道可以并行传送一路信号的一种技术。频分复用技术下，多个用户可以共享一个物理通信信道，该过程即为频分多址复用。FDMA 模拟传输是效率最低的网络，这主要体现在模拟信道每次只能供一个用户使用，使得带宽得不到充分利用。此外，FDMA 信道大于通常需要的特定数字压缩信道，且对于通信沉默过程，FDMA 信道也是浪费的。模拟信号对噪声较为敏感，并且额外噪声不能被过滤出去。

第二代移动通信开启数字信号传输的新纪元，引入时分多址（Time Division Multiple Access，TDMA）技术，每个用户的数据收发占用单独的时隙。时分多址是一种为实现共享传输介质（一般是无线电领域）或者网络的通信技术。它允许多个用户在不同的时间片（时隙）来使用相同的频率。用户迅速地传输，一个接一个，每个用户使用他们自己的时间片。这允许多用户共享同样的传输媒体（例如：无线电频率）。其把时间分割成周期性的帧（Frame），每一个帧再分割成若干个时隙向基站发送信号。在满足定时和同步的条件下，基站可以分别在各时隙中接收到各移动终端的信号而不混扰。同时，基站发向多个移动终端的信号都按顺序安排在确定的时隙中传输，各移动终端只要在指定的时隙内接收，就能在合路的信号中把发给它的信号区分并接收下来。TDMA 较之 FDMA 具有通信口号质量高、保密较好、系统容量较大等优点，但它必须有精确地定时和同步，以保证移动终端和基站间正常通信，技术上比较复杂。

第三代移动通信标志着移动互联网的开幕，且码分多址接入（Code Division Multiple Access，CDMA）技术意味着不同用户的数据可于码域上进行区分。码分多址是指以不同的伪随机码来区别基站。各基站使用同一频率并在同一时间进行信息传输的技术。由于发送信号时叠加了伪随机码。使信号的频谱大大加宽。采用这种技术的通信系统也称为扩频通信系统。它是近年来在数字移动通信进程中出现的一种先进的无线扩频通信技术。其能够满足市场对移动通信容量和品质的高要求，具有频谱利用率高、话音质量好、保密性强、掉话率低、电磁辐射小、容量大、覆盖广等特点。码分多址是各发送端用各不相同的、相互正交的地址码调制其所发送的信号。在接收端利用码型的正交性，通过地址识别（相关检测），从混合信号中选出相应的信号。码分多址的特点是网内所有用户使用同一载波、占用相同的带宽、各个用户可以同时发送或接收信号。CDMA 各用户发射的信号共同使用整个频带，发射时间又是任意的，各用户的发射信号在时间上、频率上都可能互相重叠。因此，采用传统的滤波器或选通门是不能分离信号的，这样对某用户发送的信号，只有与其相匹配的接收机，通过相关检测器才可能正确接收。但同时，码分多址系统也存在一些缺点，由于 CDMA 属于扩展频谱体制，因此需占用很宽的频带（远大于信息带宽）。与窄带系统相比，频谱利用率低，但从为多用户服务（多址）这一点来看，又弥补了这一缺点。另外，选择数量足够的可用地址码的工作也较艰巨，接收时对地址码的捕获与同步也需一定的时间。

第四代移动通信见证了移动互联网的繁荣与移动终端的黄金时代，正交频分多址接入（Orthogonal Frequency Division Multiple Access，OFDMA）技术在继承先前多址接入技术的基础上，通过进一步压缩频带来提高资源利用效率。由于正交频分复用能够很好地对抗无线传输环境中的频率选择性衰落，可以获得很高的频谱利用率，OFDM 非常适用于无线宽带信道下的高速传输。通过给不同的用户分配子载波，OFDMA 提供了天然的多址方式。由于用户间信道衰落的独立性，可以利用联合子载波分配带来的多用户分集增益来提高性能，达到服务质量（QoS）要求。然而，为了降低成本，在用户设备（UE）端通常使用低成本的功率放大器，OFDM 中较高的峰值平均功率比（Peak to Average Power Ratio，PAPR）将降低 UE 的功率利用率，降低上行链路的覆盖能力。由于单载波频分复用（SC-FDMA）具有较低的 PAPR，它被提议为候选的多址方案。OFDMA 将整个频带分割成许多子载波，将频率选择性衰落信道转化为若干平坦衰落子信道，从而能够有效地抵抗无线移动环境中的频率选择性衰落。由于子载波重叠占用频谱，OFDM 能够提供较高的频谱利用率和较高的信息传输速率。通过给不同的用户分配不同的子载波，OFDMA 提供了天然的多址方式，并且由于占用不同的子载波，用户间满足相互正交，没有小区内干扰。同时，OFDMA 可支持两种子载波分配模式：分布式和集中式。在子载波分布式分配的模式中，可以利用不同子载波的频率选择性衰落的独立性而获得分集增益。

从 1G 到 4G，多址接入技术衍生出多种形式，例如 FDMA、TDMA、CDMA 和 OFDMA 等。前四代移动通信的一个显著共通点是正交多址接入技术（Orthogonal Multiple Access，OMA）的应用，其优势在于多址干扰易克服且接收机复杂度较低。究其原因，正交多址接入方式中，不同资源块在时域、频域或码域上互相不重叠，且任一频带、时隙或码字上仅容纳一个用户。然而，5G 或 B5G（Beyond 5G）时代中，数据流量需求呈现爆炸式增长，则针对频谱资源日益匮乏的困境，亟须开源节流。其中，仅依赖正交多址接入技术难以支撑未来智能体系中以连接为导向的万物互联、万物智能和万物感知场景。因此，学术热点寄希望于新一代的多址接入技术，以应对未来海量终端通信接入系统。特别地，非正交多址接入（Non-Orthogonal Multiple Access，NOMA）技术通过无线资源（如时域、频域和空间域）的正交分割，引入功率域、码域等维度，实现多用户共享同一正交资源块。在海量连接和万物智能场景的共同驱动下，非正交多址接入技术因出众的设备容纳能力和高资源利用率，成为未来移动通信系统重要候选技术之一。

长期来看，鉴于正交资源匮乏的困境，为解决用户接入数量受限的问题，非正交多址接入成为后 5G 时代重要的候选方案。非正交多址接入是应对海量接入需求的重要方式，发端完成时域、频域或码域上的非正交设计，而收端利用先进的接收机区分每个用户的信息。不同于 4G 时代的 OFDMA 处于垄断地位，后 5G 时代中关于 NOMA 标准的角逐异常激烈。目前，非正交多址技术的探索仍在继续，全球领先的设备制造商纷纷推出了众多非正交复用解决方案。首先，交织域多址接入（Interleave Division Multiple Access，IDMA）技术最早在 2003 年由 IDCC 公司孵化。其次，基于码域的非正交复用新波形包括低密度扩展

(Low Density Spreading,LDS)的多址接入、LDS-CDMA 和 OFDMA 融合衍生的低密度扩频正交频分复用（LDS-Orthogonal Frequency Division Multiplexing,LDS-OFDM）。再者，基于 LDS-OFDM 技术的衍生产品包括华为公司首推的稀疏码多址接入（Sparse Code Multiple Access，SCMA）技术和大唐公司孵化的图样分割多址接入（Pattern Division Multiple Access，PDMA）技术。此外，NTT DOCOMO 公司在 2012 年首创基于功率域复用的多址接入方式，而多用户共享接入技术（Multi-User Shared Access，MUSA）面世于 2014 年。除此之外，比特分割复用（Bit Division Multiplexing，BDM）、资源扩展多址接入（Resource Spread Multiple Access，RSMA）和韦尔奇界扩展多址接入（Welch-Bound Spreading Multiple Access，WSMA）等非正交多址接入方式相继问世。

如文献[104]所述，非正交多址接入通过赋予不同特征，实现相同资源上服务更多设备终端，进而提升系统容量。为便于阐述，后续内容中的功率域非正交多址接入均以简称 NOMA 为主。不同于传统多址接入依赖资源正交性，NOMA 技术额外增加新的功率域维度。NOMA 技术是在某一特定自由度（Degrees of Freedom，DoF）上（例如时域、频域或码域）进行功率复用。某一自由度上不同无线资源（如时隙、频带或码字）是互相不重叠的。以 OMA 系统为例，每个用户占据单一的无线资源，有效避免多址干扰；而在 NOMA 方式中，任意两两资源块是相互正交的，而多个用户利用功率水平差异共享同一资源块，易出现严重用户间干扰，需设计特定接收机来正确检测并分离信号。以 3GPP-LTE 中的 OFDMA 技术为例，当某个正交资源块已被信道增益较差的用户占用时，则其他用户进入等待直至该服务进程结束，易出现频谱利用率低和接入时延较长的问题。相同配置下，NOMA 方案中任意资源上均允许多个用户同时共享。如果某正交资源块正在服务信道条件较差的用户，而信道条件较好的用户仍有很大机会共享该资源。因此，基站可引入 NOMA 技术通过合理调度小区资源，系统吞吐量得到提升的同时，还兼顾了用户接入公平性。

正值 5G 商用和物联网快速推进的关键节点，基于 NOMA 技术的衍生应用场景赢得了国内外学者的广泛青睐。最早在 2012 年，多科莫公司在基于 5G 框架构想中给出了功率域非正交多址接入的概念及实验结果。实验方案中，考虑城市环境衰减场景，蜂窝小区利用 NOMA 技术分别在 800 MHz 及 2 GHz 的频带上进行多用户频谱共享实验，结果表明，基于 NOMA 传输机制的系统总吞吐量提升 50%左右[105]。随后，作为一种下行 NOMA 技术，多用户叠加传输已并入第三代合作伙伴计划中的 LTE-A（Long-Term Evolution-Advanced）研究项目。目前的研究除了专注于 NOMA 技术本身外，许多学者致力于将 NOMA

与现有方向融合,进一步提升核心无线场景的性能,例如协同通信、大规模 MIMO (Multiple Input Multiple Output)、毫米波通信以及无人机应急通信等。

关于非正交多址接入技术的研究,现有工作已逐渐形成了以单天线 NOMA、协作 NOMA、多天线 NOMA 以及节点选择为主的发展路线。

- 单天线 NOMA

经典两用户 NOMA 场景中,文献[106]探究了固定功率和机会式功率分配算法对系统遍历容量的影响。结果表明,基于固定功率的 NOMA 方案中系统遍历容量显著提升,而基于机会式功率分配的 NOMA 机制的性能受限于信道条件较差的用户。相似场景下,文献[107]分别讨论了基于完美信道状态信息(Channel State Information,CSI)和平均 CSI 的极大极小(max-min)公平性准则,即通过优化功率分配算法,最大化所有节点中的最小瞬时速率;并与 TDMA 方案进行对照,证实了 NOMA 技术在用户公平性的优越性。在此基础上,有文献将分析推广至多用户 NOMA 场景,其中,假定下行 NOMA 网络包含多个随机分布的单天线节点[108],并且目标速率和功率分配因子在某个帧内保持不变,给出了各用户中断概率和系统遍历容量的解析表达式。然而,基于 NOMA 的多用户频谱共享方案需关注接收机复杂度与性能增益间的平衡关系。之后,文献[109]研究了单小区上下行 NOMA 场景的性能优化,并提出一种基于瞬时信道差异的低复杂度用户成簇机制,同时给出基于总发射功率限制和用户最小速率需求等多种约束条件的系统吞吐量的优化机制。

- 协作 NOMA

NOMA 技术具备良好的兼容性,可与现有关键技术相结合。其中,协作通信及中继技术具备较多优点,例如高通信容量、覆盖范围广、低终端能耗和高频谱效率。因此,相关文献考虑基于 NOMA 的单向双跳中继系统,其中专用中继用来辅助多个用户的通信。受益于无线信道的广播特点,任意用户均可收听来自直传和中继链路的信号,因此,基于 NOMA 的协作通信成为提升系统性能的潜在方式。特别地,若节点间信道处于通用的 Nakagami-m 衰落模型,文献[110]得到 N 个用户的通用中断概率解析式以及系统遍历容量的渐近表达式,结果表明,NOMA 技术的引入可实现源端与多个用户间的同时通信,且 NOMA 机制的用户中断性能优于传统 OMA 系统。紧接着,文献[111]分别给出了两种不同转发协议(即放大转发和译码转发)下协作 NOMA 机制的性能分析。需注意,理想情况下,基于译码转发中继系统的性能较佳,这是因为前者在放大有用信号的同时,夹杂的噪声也得到增强。

- 多天线 NOMA

现有研究已表明，多天线技术可进一步提高通信系统的分集增益和复用增益。因此，系统中节点配备多根天线成为新思路，基于多天线 NOMA 方案的研究蜂拥而至。文献[112]中的源节点具备多根天线，建立了多输入单输出的下行协作 NOMA 传输模式。类似的，文献[113]研究了两用户 MISO-NOMA 系统，旨在提高小区边缘用户的中断性能及接入公平性。随后，相关文献将类似方案推广至 MIMO-NOMA 网络中，即源节点、中继节点以及终端节点均配置多根天线。

- 节点选择

关于 NOMA 技术基本理论的研究已接近成熟，但与其他关键技术融合的研究仍需深入，以便加速技术成果的转化落地。具体地，假设网络存在多个备选中继和多个终端用户，或者源节点、协作节点以及用户配置了多根天线，考虑实际接收机复杂度、干扰受限及功耗等影响，那么需要通过某个算法找出最优中继、最佳的天线以及恰当的用户簇。文献[114]中的下行 NOMA 系统以提升配对用户簇的遍历容量和吞吐量为目标，提出双边一对一匹配算法来解决用户配对和功率分配的问题，结果表明，不仅各用户的服务质量得到保证，并且所提算法易实现且计算复杂度较低。

2.2.7 MAC 协议

信道资源是网络中所有节点共享的，然而，无线节点之间的通信又必须占用信道进行数据交换。无线信道资源分配可以分为集中式调度与分布式调度两个方面，集中式调度是指网络中存在中心节点（如 WiFi 网络中的 AP 节点、无线传感器网络的 Sink 节点等），网络资源的调度是通过中心节点进行分配和协调。分布式调度是指无线网络中的节点优先级都是相同的，通过竞争来实现信道资源的占用。在集中式调度中，如果单纯依靠中心节点进行信道资源的划分，在网络节点发送需求非饱和的情况下（即节点不是时刻都有数据发送的需求），会导致信道资源的浪费。因此，在数据链路上行的过程中，通常会引入分布式的信道竞争方式。而在数据链路下行的过程中，采用集中式调度高效地组织信道资源。在下行链路数据需求已知的情况下，网络的调度能够通过现有最优化问题的解决方法进行处理。

无线通信协议的设计目的在于使得无线设备之间能够进行高效的通信，进而能够在局部范围内建立网络，使得用户能够实现随时、随地、随意的网络接入与相互通信。数据链路层实现了无线设备点对点的通信，通过 MAC（Media

Access Control）协议保证了无线设备之间能够实现高效的互联互通。物理层设计赋予了节点能够高效地实现数据的发送和接收。采用最新的无线物理层传输技术（MIMO、OFDM、全双工通信技术等），能够将无线网络的传输速率有效地提升。例如，采用 MIMO+OFDM 技术，使得无线 MAC 通信协议从 802.11b 的 11 Mb/s 发展到 802.11n 的 300 Mb/s。虽然物理层技术不断改进，无线网络传输速率有所提高，但是网络的传输效率却持续地降低。原因在于现有无线传输机制（MAC 协议）的低效性，过高的协调开销淹没了物理层技术革新带来性能的提升。MAC 协议的设计能够分解为三个部分：无线信道竞争机制、无线数据的传输以及必要的协议支撑开销。如 IEEE 802.11n 中，除了传输实际的报文数据所需的 20 μs 外，其他的传输都是协调开销。其中包含信道竞争开销平均约 101.5 μs，其他部分统一称为必要的协议支撑开销，例如，等待开销 DIFS（Distributed Inter-frame Spacing）和 SIFS（Short Inter-frame Space），握手机制 RTS/CTS（Request To Send/Clear To Send）、报文传输前缀 Preamble 以及确认回复报文 ACK（Acknowledgement）。

如文献[115]所述，无线信道的共享特性决定了在限定的范围内，任意时刻只能有一对节点（发送节点、接收节点）允许获得网络的接入权。否则，由于无线传输的广播特性，多个无线传输的信号可能会在接收节点处混合，导致数据传输失败。随着无线网络物理层速率的不断提升，从初始 802.11b 的 11 Mb/s 发展到 802.11ac 的超 1 Gb/s 速率，无线物理层传输速率显著提升。但是基于信道竞争的协调开销始终未能相应地降低，进而影响网络性能的提升。因此，如何提高信道竞争的效率和公平性也成为当前网络研究的热点问题。

无线信道资源的分配和调度是信道竞争的基础性问题，其主要任务是将信道资源按需高效地分配给各个节点。分布式信道竞争过程就是各节点通过特定的竞争原则获取信道接入的权利。整个竞争过程需要保证网络中节点的公平性问题，力争整个竞争过程能够高效、公平地推进。信道竞争从资源维度划分能够分解为三个维度：时间维度、频率维度和空间维度。

- 时间维度

以信道竞争运行的时间作为分配的资源，时间这一资源将信道划分为若干个小的时隙，网络中的节点选择一个或者多个时隙进行信道竞争。通过对这些时隙进行排序，各节点获得接入信道的不同优先级，获得最高优先级的节点能够优先获得信道的接入权。例如，无线 CSMA/CA 协议的冲突退避方式，将竞争过程分解为多个时隙，由这些时隙构建一个竞争窗口，节点在竞争窗口中随机选择时隙进行倒数计数。具体而言，CSMA/CA 协议又可分为两种。第一类避免冲突的工作方式要点如下：每次传递结束后，立即把时间划分成时间片，这些时间片分属网络中各节点。节点根据时间片的先后发送信息，具有第一个时间片的节点首先发送，发送结束后，按优先权顺序把发送权交给具有第二个时间片的节点。轮到某个节点而该节点又无报文可发时，它的时间片就空闲不用。如果在时间片轮回一周后，所有节点都无报文可发，那么网络就返回到 CSMA/CD 方式，这时又按竞争方式获取信道。信道在 CSMA/CD 方式下使用一次后，系统又回到时间片方式。在这种可避免冲突的系统中，通常给某些节点以特殊的优先权，使它们总是能在第一个时间片发送信息。如果给它们的时间片没有使用，则重新在其他节点轮流分配时间片。在这种系统中，节点必须有能力完成时间片的同步，执行分配时间片的算法以及 CSMA/CD 方式的算法，因此，实现起来较复杂，价格也较高。这种方法的优点是效率高。第二类避免冲突的 CSMA/CA 技术，称为二次检测信道访问技术。这是一种与第一种方式完全不同的 CSMA/CA 技术。它由节点在发送信息前对介质进行两次检测来避免冲突的发生，其工作方式如下：准备发送信息的节点在发送前侦听介质一段时间（大约为介质最长传播延迟时间的 2 倍），如果在这一段时间内介质为"闲"，则开始准备发送，发送准备的时间较长，为前一段侦听时间的 2~3 倍。准备结束后，真正要发送信息前，再由节点对介质进行一次迅速短暂的侦听，若仍为空闲，则可正式发送。如果这时侦听到介质上有信息传输，则马上停止自己即将开始的发送。按某种算法延迟一段随机时间，然后再重复以上的二次检测过程，所以这种方式又称为"二次检测"法。由于第二次侦听的时间短，在这么短暂的时间内有两个点同时发送信息的可能性很小，因此基本上可以避免冲突。同时，这种方式没有"边发边听"，而仅仅是"先听后发"，这样，不需要"边听边发"的复杂的冲突检测装置，降低了成本。这种方法的缺点是，发送后一旦发生冲突，也不中止自己的发送，直到发送完毕才知道错误，再重新侦听、重发。

- 频率维度

无线通信的频率宽度是受到严格限制的，如 802.11n 只能够提供 3 个不重叠的 20 MHz 的信道进行无线传输。基于 OFDM（Orthogonal Frequency Division Multiplexing）的频率复用技术，能够将一个 20 MHz 的无线信道分解为若干个正交的子信道，使得传递在各子信道的数据互不干扰。

- 空间维度

多天线技术能够利用多根天线分别传递数据信息，再通过矩阵解码的方式实现信息还原。从原理上讲，只要天线的数量足够多，空间的复用技术就能够得到足够的扩展。例如，Massive MIMO 技术被视为下一代无线移动通信技术的核心技术。但是，由于解码的复杂度随天线数量成指数级增长，因此，Massive MIMO 技术主要被运用于基站与基站之间的通信，移动设备从能耗与天线数量上都无法满足 Massive MIMO 技术的需求。多天线技术同时也能够用于实现全双工通信技术，使得节点能够同时完成数据的发送和接收工作。码分多路复用利用 CDMA（Code Division Multiple Access）编码技术，利用编码方式允许多个移动设备同步发送信号，接收基站通过对特征信号进行匹配操作实现报文的解码。

2.3 自干扰信号抑制

自干扰信号能否消除是能否实现同时同频全双工通信系统的关键。本节针对国内外已有的自干扰被动消除方案、主动消除、数字消除、方案做具体阐述，以及对节点间干扰消除方案进行阐述。

2.3.1 被动消除方案

在文献[4]中，微软在 2009 年利用了 QHx220 模拟消除电路进行了低频、低功率的无线同频全双工实验，并在此基础上提出了 Nulling Antenna 的方式进行被动消除。其中，在模拟域进行自干扰信号消除时，其将发送天线通过线缆连接到 QHx220，通过发送天线的信号对自干扰信号进行模拟，同时将 QHx220 连接到接收天线。Quellan 噪声消除可通过模拟电路滤波器将通信信道的影响施加在发送天线输入的信号上，进而最大限度地将发送信号模拟成自干扰信号。该方案可以达到 30 dB 的自干扰信号消除效果。同时，其提出了采用环形缝隙天线的方案，该天线基本可以被视为全向天线，除了在特定的角度（10°~15°）会存在信号盲区外，如果可将该盲区对准自干扰信号的方向，可实现在特定方向的自干扰信号的衰减。根据实验结果，可以达到 25 dB 的消除效果。但是该方案缺点明显：由于远端的有用信号可能来自不同方向，其在信号盲区覆盖范围内同样会衰减一定的幅度，这在一定程度上会影响通信的速率。并且由于低频信号强度随着距离的增加，信号功率衰落速率更低，因此本书提出的实验方案全部基于低频段（900 MHz）。

美国斯坦福大学在文献[15]中提出了一种被称为天线消除的消除方法。其尝试用多根发送天线，通过多根发送天线到达接收天线的距离差，以将不同发送天线造成的自干扰信号在接收天线处叠加消除。最简单的方案是，在一个终端节点需要 3 根天线，其中 2 根为发送天线，1 根为接收天线。2 根发送天线发送相同的信号，但需保证两根发送天线到达接收天线的距离差为半波长，其主要目的是保证在接收天线处，利用两个发送信号相位相反进行抵消，减少自干扰信号。该方案对于视距传输是非常适用的，但如果天线被放置于角落，接受天线除了接收到来自两个发送天线发送过来的相消信号外，也同样会收到来自各反射面反射的信号，尽管这些信号由于路径较长和反射，其信号强度会比直接接收的信号强度弱很多，但其仍会造成接收天线的信号难以估计和消除。实验结果表明，利用此方式可以有 20 dB 的效果，但同时此方案的缺点也非常明显：①此方案的消除效果随着信号带宽的增加而下降，其原因在于接收天线的位置只能保证在某一频率满足条件，带宽越高，包含的频谱分量越多，无法保证其在其他频率也有良好的相位抵消。经过推导和测算，对于 2.4 GHz 的无线通信系统，若无线信号带宽为 5 MHz，该方法可达到的理论消除上限为 60.7 dB；但若带宽上升到 20 MHz 时，其理论消除上限会降至 46.9 dB；若带宽进一步上升到 85 MHz，其理论消除上限会降至 34.3 dB。②由于该方案可在本节点的接收天线进行信号叠加，进而造成信号衰减，那么其远端的接收天线的位置若刚好也处在距离差距满足消除条件时，也会对节点之间的通信造成影响。③一个终端节点需要三根天线，增加了设备的设计成本和复杂度。

Rice University 在被动消除方面也取得了一些成果。其在文献[6]中提出简单的利用空间距离衰减的被动消除方法。通过具体的实验测定，在中心频率为 2.4 GHz，发送功率为 -5~15 dBm，在两天线相距 20 cm 的情况下，可以达到 39 dB 的衰减，相距 40 cm 的情况下，可以达到 45 dB 的衰减。此方法虽然简单，但是缺点也很明显：①要求同一节点的 2 根天线，相距至少 20 cm，这限制了其在移动终端上应用的可能性。②其只在窄带信号（带宽为 0.625 MHz）上进行了实验，对于宽带信号的效果并没有验证。

对此，其在文献[8]中做了进一步的工作。提出了 3 种天线摆放的方案，并在 OFDM 宽带信号中完成了实验工作。实验结果表明，B 方案是最优的，中间所放置的 Laptop 对信号消除起到了一定的效果。但是其不足之处在于其依靠此方法所做实验的通信距离过短（6.5 m）。

为了解决这一问题，Everett 等人专注于被动消除方法，在其文献[7,11,13]中提出了 3 种方法来进行被动消除：定向天线、吸波材料和交叉极化。

对于定向天线的方案，实验采用了 5 dBi 增益的定向天线，并将发送天线和接收天线同轴摆放，这样更容易控制发送天线和接收天线的角度及相互之间的距离。为了更好地对比不同距离和不同天线摆放方式对自干扰信号消除性能的影响，实验选取了发送和接收天线相距 10 m 及 15 m 两种距离。同时，考虑发送天线和接收天线为 30°、45°、60°、75°、90°、120°、150°、180°的不同夹角情况下的表现。实验结果表明，在夹角为 120°时，效果最佳，且定向天线定向特性越好，消除效果越好，可通信距离越远，可以达到 60 dB。在该条件下全双工系统速率和半双工系统速率的对比实验中，可以看到此种被动消除方案结合射频消除方案及数字消除方案使得全双工通信系统的无线通信速率达到半双工通信系统的一倍。

对于吸波材料，文献 [11] 中给出了详细讨论。其认为，对于笔记本等大型终端设备，考虑在结构上屏蔽接入点天线以提高全双工性能是完全合理的。如在两个定向天线的中间摆放吸收材料，可以在定向天线带来的自干扰信号消除的基础上，进一步增加吸波材料带来的消除增益。吸波材料常用于铺设电波暗室、减少雷达辐射在防御设备中的可见性。电磁辐射通过热效应、非热效应、累积效应对人体造成直接和间接的伤害。吸波材料有两种分类方法，即按照损耗机制分类及按照吸波材料的元素分类。按损耗机制分类，可以分为电阻型损耗、电介质损耗、碳损耗。其中，电阻型损耗是吸收机制和材料的导电率有关的电阻性损耗，即导电率越大，载流子引起的宏观电流（包括电场变化引起的电流以及磁场变化引起的涡流）越大，从而有利于电磁能转化成热能；电介质损耗是一类和电极有关的介质损耗吸收机制，即通过介质反复极化产生的"摩擦"作用将电磁能转化成热能耗散掉。电介质极化过程包括电子云位移极化、极性介质电矩转向极化、电铁体电畴转向极化以及壁位移等；磁损耗是一类和铁磁性介质的动态磁化过程有关的磁损耗，此类损耗可以细化为磁滞损耗、旋磁涡流、阻尼损耗以及磁后效效应等，其主要来源是和磁滞机制相似的磁畴转向、磁畴壁位移以及磁畴自然共振等。按照吸波材料的元素分类，可分为碳系吸波材料、铁系吸波材料、陶瓷系吸波材料及其他类型吸波材料。在本书中认为采用自由空间、宽带的锥形负载吸波材料是屏蔽自干扰信号的最佳选择，即 Tapered loading。Tapered loading 材料最适合进行 2.4G 频段的宽带自干扰信号消除，实验结果表明，该方法消除的性能取决于吸波材料的厚度。在 1 in 厚度时，2.4 GHz 频率的无线信号可以抑制 15 dB；而当材料为 4.25 in 厚度时，可以达到 25 dB 左右的消除效果。

对于交叉极化消除自干扰信号（文献[45]中也提到了此方法），如果发送天线和接收天线采用不同的极化方式，那么接收天线将不能接收到发送天线发送的信号。天线的极化特性是以天线辐射的电磁波在最大辐射方向上电场强度矢量的空间取向来定义的，是描述天线辐射电磁波矢量空间指向的参数。由于电场与磁场有恒定的关系，故一般都以电场矢量的空间指向作为天线辐射电磁波的极化方向。天线的极化分为线极化、圆极化和椭圆极化。但是在实际情况当中,由于反射、折射现象的存在,信号的极化方式会发生改变,不再单一,天线间的隔离度也会降低,在实验中得到的数据表明,此种方法可以带来15 dB 的消除效果。

综上,对于被动消除方法即空域自干扰消除,如文献[116]在理论研究层面还有多方面不足。

(1) 辅助接收天线自干扰抑制。当本地发射天线与接收天线分离时,需要引入辅助接收天线进行自干扰抑制。辅助接收天线的参数配置显著影响自干扰抑制和自干扰抑制后的信干噪比。需要研究辅助接收天线的最优配置方法。

(2) 多发多收收发信机自干扰抑制。当使用多发多收天线时,可以利用天线的自由度,同时进行自干扰抑制和对期望信号的接收。需要研究有利于信号接收的多发多收自干扰抑制算法。

(3) 近场空域自干扰抑制与远场接收机波束成形联合优化。空域自干扰抑制可能会降低接收机信号功率:当远场接收机在本地发射机天线的波束零陷区域内时,可能会降低远场接收机接收到的信号功率;当远端发射机在本地接收天线的波束零陷区域内时,可能会降低本地接收机接收到的远端信号功率。需要研究近场空域自干扰抑制和远场接收机波束成形联合优化算法。

(4) 近场空域自干扰抑制与远场组播发送的联合优化。在问题(3)的基础上,当把波束成形算法推广到组播的情况:同时考虑自干扰抑制和组播共信道干扰抑制。需要研究近场空域自干扰抑制与远场组播发送的联合优化算法。

在实际方案层面,现有的多天线的无线全双工通信系统,其或是需要多根天线以完成自干扰信号的叠加和消除,或是利用定向天线的辐射特性,或是需要一定的物理隔离以保证自干扰信号的衰减。那么能否寻找到一种被动消除方法,只利用全向 WiFi 天线,在天线之间的距离没有严格要求的前提下,进行被动消除并达到良好的消除效果?这是第3.2节所要阐述的内容。

2.3.2 主动消除方案

主动消除方案又名射频自干扰消除技术。射频自干扰消除是通过将在射频域重新复制或重建本地发射的射频信号作为参考信号,在接收天线后,将同频干扰信号从接收到的混合信号中减去。射频自干扰消除的关键是使参考信号在时延、幅度、相位上和接收信号中的自干扰信号进行对齐,以及用宽带反相器件将其减去。射频自干扰消除的消除深度和消除带宽受时延幅度调节器件以及射频减法器件带宽、精度的影响较大。目前,主动消除方案主要分为电子自干扰消除方案和光学自干扰消除方案。

在电子自干扰消除方案方面，如文献[117]所述，现有的主动消除方案普遍采用"重建+抑制"机制，具体过程为采用射频自干扰重建电路精确地重建自干扰信号，然后将自干扰重建信号从接收机前端的接收信号中减去，以实现射频自干扰抑制。根据自干扰重建模块实现的位置可将现有射频自干扰抑制划分为射频多抽头自干扰抑制和数字辅助射频自干扰抑制两类。根据抽头的不同实现形式，射频多抽头自干扰抑制的具体实现架构又可以划分为完备型多抽头架构、内插型多抽头架构和频域均衡型多抽头架构。

射频多抽头自干扰抑制采用抽头延时线结构实现自干扰重建信道，如图 2.10 所示，其主要特点为自干扰重建结构从发射通道前端耦合参考信号。为了降低利用射频电路实现抽头延时线结构的难度，现有文献对抽头延时线的实现结构做了各种优化，依据不同的优化形式，可以将射频多抽头自干扰抑制的实现形式划分为完备型多抽头架构、内插型多抽头架构和频域均衡型多抽头架构。下面对射频多抽头自干扰抑制不同的实现形式做进一步介绍。

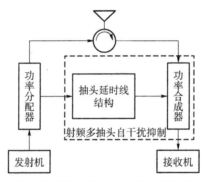

图 2.10 数字消除算法在自适应横向滤波器中的应用

- 完备性多抽头架构

在完备型多抽头架构中，每个抽头的功能由延时、调幅和调相组成。依据抽头的个数不同，可以将现有的完备型多抽头自干扰抑制架构划分为零阶完备型多抽头自干扰抑制架构和高阶完备型多抽头自干扰抑制结构。零阶完备型多抽头自干扰抑制架构具有结构简单的优点，但是仅能抑制自干扰信号中的最强径。现有研究结果显示，零阶完备型多抽头自干扰抑制可以实现 30~40 dB 的自干扰抑制度[16]。通过增加抽头个数的方式，可以提高自干扰抑制性能，文献[118]中的研究结果显示，9 阶完备型多抽头自干扰抑制架构可以实现高达约 60 dB 的自干扰抑制度。相对于零阶完备型多抽头自干扰抑制架构，高阶完备型多抽头自干扰抑制架构虽然可以实现较高的自干扰抑制性能，但是需要更多的硬件器件。

- 内插型多抽头架构

在内插型多抽头架构中，每个抽头的功能由延时和调幅组成。依据抽头个数的多少，可以将内插型多抽头自干扰抑制架构分为零阶内插型多抽头自干扰抑制架构和高阶内插型多抽头自干扰抑制架构两种。相对于完备型多抽头自干扰抑制架构，内插型多抽头自干扰抑制架构具有器件个数少的优势，但其自干扰抑制性能对自干扰信道的相位变化较为敏感。

- 频域均衡型多抽头架构

在频域均衡型抽头结构中，每个抽头由滤波、调幅和调相组成。N 阶频域均衡型多抽头自干扰抑制使用 N 个滤波器频率响应的加权和来逼近自干扰信道的频率响应，但是 N 个滤波器的使用增加了工程实现难度。文献[119,120]采用集成芯片技术实现了 1 阶频域均衡型多抽头自干扰抑制结构，将 25 MHz 带宽的自干扰信号抑制了 20 dB，其中滤波功能由带通滤波器实现。

综上，总结上述电子自干扰消除技术可以发现，由于在射频自干扰消除环节，系统受电处理芯片、电路工作带宽及线性度的限制，使其应用于全双工系统时面临以下挑战：①工作带宽受限：随着需求不断提升，全双工系统传输需要支持 GHz 至几十 GHz 以上的传输带宽，而现有的技术通常只能支持几十 MHz 带宽，对未来有大带宽需求的无线通信业务支持性较差。②工作频段受限：现有的低频通信频段已经非常拥挤，无线通信正逐步向高频段发展，然而因使用微波器件在高频段消除效果不理想，因此电子自干扰消除技术涉及高频段的研究相当少。

针对上述的困难，以及未来全双工通信系统向高频段、宽带宽发展的需求，需要研究一种新型的自干扰消除技术来突破这些"瓶颈"，以拓展全双工通信系统通信的带宽和频段。由于光器件、光系统的特点，光学自干扰消除系统可很好地解决这些问题，使模拟自干扰消除带宽得到大幅提升，因此也出现了光学自干扰消除方案的研究。

在光学自干扰消除方案（Optics-based Self-Interference Cancellation，OSIC）方面，如文献[121]所述，与电子器件相比，光学器件不仅带宽宽、精度高，而且可处理中心频率为 GHz 级别甚至几十 GHz 级别的微波射频信号，并且可以承载射频信号在光纤中进行高速率长距离传输，非常适用于对带宽和频段都有高要求的下一代无线通信业务。光学自干扰消除通常将电信号调制到频率为 193 THz（波长 1 550 nm 附近）的光波上进行处理，克服电子器件的精度限制。目前，光学自干扰消除技术目前尚处于发展初期，国内外研究机构和学者正在积极进行这方面的研究。

用光学自干扰消除系统实现带内全双工传输的想法，最早由普林斯顿大学的 John Suarez 等人于 2013 年提出。他们设计了一种基于两个赫曾德尔调制器（Mach-Zehnder Modulator，MZM）的自干扰消除方案并成功验证。这一方案的结构及原理如图 2.11 所示。其基本思路是，利用 MZM 具有的正向和反向调制曲线，在上支路对含有自干扰的射频接收信号进行 MZM 正相的线性调制，在下支路对复制的本地发射信号进行 MZM 反相的线性调制，作为参考信号。经过对调制到光域上的参考信号幅度和延时调整，两路光路耦合后，实现对干扰信号的消除。

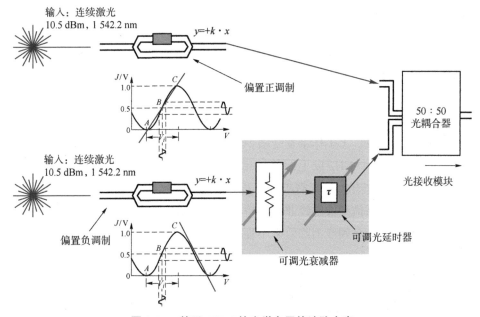

图 2.11 基于 MZM 的光学自干扰消除方案

作为首次提出的光学自干扰消除方案，该方案采用 MZM 的正负斜率调制曲线代替射频器件完成信号的反相，相比于 ESIC，获得了较大带宽下的良好抑制性能。该系统实现了 96 MHz 带宽下，−33 dB 的自干扰抑制比。然而，任意两个 MZM 的调制曲线受制造和封装工艺的影响都存在差异，以及 MZM 的偏置电压随温度变化存在偏移现象，这些都将直接影响到干扰信号的抑制深度和带宽。因此，后来的强度调制方案陆续选择直接调制激光器（Directly Modulated Laser，DML）、电吸收调制器（Electro-Absorption Modulator，EAM）等强度调制器来展开光学自干扰消除的研究。

早期的 OSIC 技术研究侧重于实现自干扰消除的基本功能，目前 OSIC 技术的发展趋势是不断向更高频段更大带宽探索，以支持更多频段、更大容量的 IBFD 通信，以及不断研究 OSIC 技术的实用化。实用化研究包括了 OSIC 光学参数的反馈控制以实现 OSIC 自适应，以及更值得关注的 OSIC 硅基芯片研究，其将极大助力 OSIC 从实验室研究迈向产业化商用。

2.3.3 数字消除方案

数字消除方案作为自干扰信号消除机制中的重要一环，得到了来自各方的广泛研究。由于空域被动消除及模拟域主动消除方案都主要对同一节点发送和接收天线的主径信号进行估计、重建、消除，难以对自干扰信号的多径分量进行估计和消除。虽然多径分量相比主径分量在信号功率上弱很多，但对于远端有用信号，自干扰信号的多径分量仍会造成较大干扰。因此，全双工通信系统会依靠数字消除方法消除其余的参与信号。如文献[122]所述，总结已有文献，数字自干扰抑制技术可以分为接收通道中进行的数字自干扰消除和发射机通道预编码自干扰消除两大类。其中，接收通道中进行数字自干扰消除主要通过重建自干扰，并将其从接收信号中减去，从而实现自干扰抑制，其又可进一步细分为在频域上估计自干扰信道并据此重建自干扰进行抑制，以及在时域上重建自干扰进行抑制；而发射机通道预编码自干扰消除是针对多发射天线的全双工，在发射机通道中通过预编码进行波束成形，使到达本地接收天线处的自干扰最小化。下面对这些技术分别进行介绍。

- 接收通道数字消除

文献[16]在利用 balun 电路对 40 MHz 信号消除了 45 dB 的基础上，提出了一种针对 OFDM 信号的数字消除方法，主要分为两步：①对自干扰信号进行模数转换后的数字域信号进行估计；②利用估计的自干扰信道对自干扰信号进行重建，并加权相减。设 $x = (x[0], \cdots, x[N-1])$ 为一个 OFDM 符号，该符号中包含 N 个子载波分量。设 M 训练符号的个数，$Y^{(m)}$ 为经过自干扰信道之后的收到的信号，k 为子载波序号，采用最小二乘估计得到的信道估计的频率响应结果为：$\hat{H}_s[k] = \frac{1}{M} \left[\frac{1}{X[k]} \left(\sum_{m=1}^{M} Y^{(m)}[k] \right) \right]$。通过这种方式估计频率响应，最小二乘算法可以找到使总体剩余误差最小化的最佳拟合。该算法比以前的方法（如简单的前导相关）对样本中的噪声具有更强的鲁棒性。此外，与需要矩阵求逆的更复杂算法（如最小均方误差（MMSE）估计）不同，最小二乘法非常简单,可以在现有的软件无线电硬件中实现实时数据包处理。之后通过 IFFT 得到时域相应的 $\hat{h}_s$,可以产生消除信号: $i[n] = \sum_{k=0}^{N-1} \hat{h}_s[k]s[n-k]$。该方法具备三个方面的创新性:①其数字消除算法是实时应用在硬件环境中;②其是首先在 10 MHz 带宽的信号中应用数字消除算法;③其数字消除算法是首次适用于 OFDM 信号的算法。同时,该文献提出几点数字消除算法设计时重点需要考虑的方向。第一是信道估计的准确性将影响数字消除的性能。因此,MAC 协议必须通过载波感知为信道估计提供无干扰周期。第二是进行信道估计时,要重点考虑自干扰信道的相干时间,即信道状态稳定所持续的时间。信道估计的时间应低于信道的相干时间。在典型的静态环境中,自干扰信道的相干时间为秒级,因此,在百毫秒周期进行信道估计即可。在高速移动的动态环境中,可能需要更复杂的数字消除算法。第三是自干扰信道中的非线性问题。在此篇参考文献中,假设自干扰信道是线性时不变系统。然而,在实际通信中,balun 可能会引起传输信号的非线性失真,使得无法使用线性时不变系统进行建模,进而降低数字消除的性能。

文献[42]指出 ADC 量化精度是数字消除中的关键因素,一旦动态范围溢出,有用信号就会淹没在量化噪声当中。同时,本书提出了一种数字消除结构框架,框架中包括一个可变的时延单元去弥补时延带来的影响。同时,包含了一个时延/频率估计单元,来估计初始时延和收发信号间的频谱漂移。此外,框架将 LMS 算法应用在数字消除中,此方法将自适应滤波器引入了数字消除领域,使得接收端可以自动跟踪自干扰信号的幅度相位变化并作出调整。基于上述框架,文章做了相关仿真实验。实验假设发送功率为 0 dBm,发送天线和接收天线的距离为 20 cm,通过路径衰减和损耗,可对 2.4 GHz 信号造成 26 dB 的自干扰信号消除。同时,假设底噪为 -90 dBm,因此,需要将自干扰信号消除 90 dBm 才能达到最优效果。根据前述文献,balun 消除可以在模拟域再消除 45 dB,即通过空域被动消除和主动消除,可累计消除 71 dBm。通过应用 LMS 算法,可以达到 20 dB 消除的性能,累计可达到 91 dBm 的消除效果,因此可以将自干扰信号有效地消除到底部噪声水平,达到了仿真和实验的预期。但 LMS 存在收敛速度慢、收敛和消除效果与步进因子等参数相关性较大等缺点。

作者 Korpi 在文献[23]中,根据自身假定的典型的全双工通信节点前端模型,分析了各个部件对自干扰信号成分的贡献。首先,该文对全双工收发前端进行了全面的非线性分析,并重点关注射频前端和数字信号处理单元当中的非线性问题。指出发送端的功率放大器 PA、发送端及接收端的 IQ 混频器和 ADC 量化失真为自干扰信号非线性的主要组成部分。其次，该文献还分析、量化并比较了两种备选的射频消除策略，证明了功率放大器的非线性问题会严重限制设备的发送功率 5~10 dBm。这表明，在设计和实现全双工系统的收发器时，也应该重点关注发送链路和接收链路的非线性问题。最后，除了线性、非线性分析外，文章还讨论了模数转换器的动态范围。由于大量的自干扰信号消除是在数字域执行的，因此，需要额外关注模数转换器中的动态范围即量化噪声，否则，有用信号会淹没在量化噪声中，降低收发器的通信性能。在文献[19, 24]中，对首发链路中的关键因素进行了数学建模。其中，非线性功放用 Parallel Hammerstein 模型表示，首发天线间的自干扰信号多径分量用有限滤波器表示。相关模型的参数估计用最小二乘算法进行估计。仿真信号采用了 OFDM 信号，主径信号和多径反射信号分量差值为 36 dB，PH 模型的非线性阶次为 5，滤波器长度为 5。仿真结果表明，非线性因素在发送功率大于 10 dBm 时，影响非常显著。

综上，对于接收通道数字消除方法，现有的成熟的并且在已有的硬件平台上应用的数字消除方法一般都是线性数字消除方法。如利用最小二乘算法[16]或最小均方算法[42]。其最大的问题是，在发送功率较大时，数字消除性能会显著下降，如文献[16]中所述，当发送功率上升时，其数字消除性能比发送功率为 0 dBm 时下降 9 dB。同时，还有一些研究在理论上对典型的全双工通信系统建模，并研究包括相位噪声[14,123]、功放[19]等非线性部分对数字消除的影响。那么能否找到一种数字消除方法，使发送功率较大时，数字消除依然会有着良好的消除效果？这是第 3.3 节所要阐述的内容。

- 发送通道预编码数字消除

已有的发射机通道自干扰抑制技术是在发射机通道当中，根据自干扰的信道状态，通过对发送信号预编码进行发射波束成型，使得发射机天线阵列发射的信号到达本地接收机天线或天线阵列处的信号得到抑制。

文献[124]使用对称发射天线结构，通过数字域发送波束成形对其中一副天线发射信号进行 180° 相移，从而对到达接收天线的自干扰实现了抑制。文献[125]使用基于 LMS 的可变步长迭代算法，获得了数字接收波束成形的优化矩阵，从而实现对自干扰信号的抑制。

针对一收多发的放大转发全双工中继通信，文献[126]通过构造频域波束成型滤波器，实现对自干扰信号的抑制。针对全双工 MIMO 通信，文献[127]通过在时域上滤波进行波束成型，实现对自干扰信号的抑制，对于 0 MHz 带宽的自干扰信号，实现了 47~50 dB 的抑制。

在双天线全双工中继通信中，文献[128]通过发射波束成型和接收匹配滤波，实现对自干扰信号的抑制。与此类似，针对带宽 100 kHz 的窄带自干扰信号，文献[129]通过发射波束成形及相应的 MMSE 准则匹配滤波进行自干扰抑制，取得了 45 dB~50 dB 抑制效果。文献[130]基于正交化思想，在多天线中继场景下构造发射波束成型滤波器和接收滤波器实现自干扰抑制。

对于已有的自干扰信号消除，主要针对空域、模拟域、数字域三个层面。高发送功率的情况下模拟域的消除方式由于引入了额外的硬件，会引入额外的非线噪声，同时也会增加额外的成本，故应辩证地看待模拟域层面的消除方法。同时，模拟域的消除和数字域的消除存在"跷跷板"效应[87]，其会抑制数字域的消除效果。那么能否去掉模拟域的消除方法，仅依靠空域和数字域的消除方法实现无线全双工通信系统呢？这是第 3.4 节所要阐述的内容。

2.4　节点间干扰抑制

如文献[131]所述，基站采用全双工技术后，全双工基站在相同时间、相同频率上为小区内多个半双工终端服务，小区内不同的半双工终端可以在同一时间复用相同的频率资源。同频复用用户间，存在上行信号对另一用户下行信号的干扰，形成小区内半双工用户间同频干扰。有效地解决小区内部的同频干扰问题，成为夯实全双工实用基础的重要研究内容。根据现有的文献研究内容，可以将节点间干扰管理简要分为节点间干扰协作抑制和节点间干扰被动隔离两部分。

➤ 节点间干扰协作抑制

在节点间干扰协作抑制方面，通过用户间主动协作，使得被干扰方能够获取到干扰信息，采用主动抑制的方式抑制干扰。小区内造成同频干扰的上下行用户，彼此独立，在不协作的情况下，下行用户对上行发射的信号未知，难以利用传统干扰抑制方法抑制干扰。以下对辅助信道和叠加编码两种协作抑制方案进行介绍。

在辅助信道方面，如文献[132]中所述，提出通过额外的辅助频道，上行用户协作下行用户，向下行用户发射干扰信息，下行用户接收到发射干扰信息后，在自己的接收信号中，利用对发射干扰信息的已知性，抑制干扰。

在叠加编码协作方面，叠加编码方法在给定信道条件下，将发射的目标信息或干扰信息分为低速率的双层编码，保证能在干扰存在时，逐个稳定成功译码，在小区内存在同频干扰时，能够逐个删除干扰，提高信息成功传输的概率。文献[133]分析了叠加编码最优功率分配，推导出对应的容量区域，仿真结果表明，在微小区场景，利用叠加编码可以近乎将同频干扰完全抑制。文献[134]将叠加编码用于多天线系统，进行小区内用户间同频干扰抑制，提升系统容量。文献[135]以增加辅助天线的方式进一步提高叠加编码方案的系统性能。

协作方式下的主动抑制，需要额外的频谱资源辅助，或者要求系统准确分配编码速率，以便实现干扰删除。无论何种方式，仍然依赖用户与基站间信道、互干扰用户间信道状态信息的获取，当用户规模增长时，会增大系统开销和不便性。

➢ 节点间干扰被动隔离

以资源调度的方式分配系统的上下行发射功率、配对同频干扰用户、分配同频干扰用户占用的频谱资源块等，降低小区内同频干扰对系统容量的影响，最大化系统和速率。通常假设系统控制中心已知所有的信道状态信息，如小区内所有用户的上行、所有下行、所有上下行用户之间的干扰信道状态信息。

此类问题是非凸优化，难以获取全局最优，现有研究中，以各种次优方案控制小区内同频干扰对系统容量的影响，获取大于传统半双工系统的网络容量，代表性研究成果如下。

相关文献将整体的资源分配问题分解为用户配对选择、功率分配等子问题，以最小化小区内同频干扰对系统容量的影响为目标，给出了资源调度算法。文献[136]每次选择一对对系统容量提升最大的组合（引入同频干扰影响最低的组合）进行功率分配；文献[137]对所有用户的信道增益进行排序，每次选取信道增益最大的上下行用户，执行最优功率分配；文献[138]在考虑用户公平性的约束下，首先采用线性规划进行用户配对，再对得到的用户组合进行资源分配；文献[139]分别采用匹配算法或博弈论的方法完成用户配对，再执行功率分配；文献[140]分别以交替迭代和代价函数的方式完成用户配对和功率资源分配。仿真结果均可取得高于传统半双工方式的系统容量。

除此以外，文献[141]研究了半双工终端采用定向天线，提高相互之间的同频干扰隔离能力，降低由于同频干扰造成的中断概率；文献[142]提出部分频谱重叠的方案，配对的用户的上下行之间存在部分重叠，同时将调度与资源分配问题分解为多个子问题，以 Matching 算法、迭代 Hungarian 算法以及连续凸近似方法分别优化求解，取得最高 1.88 倍的频谱容量增益。

节点间干扰被动隔离依赖用户与基站间信道、互干扰用户间信道状态信息的获取，以此完成用户间相互配对，最大化系统资源利用率。要达到此目的，需要额外的系统开销，探索低复杂度小区内干扰隔离方式成为蜂窝场景下的重要研究课题。

2.5 全双工系统容量分析

全双工系统的容量在理论上虽然能达到半双工系统的 2 倍，但在实际中，由于自干扰信号消除的不完全，以及硬件系统中存在的不理想因素的影响，其系统容量并不能达到半双工的 2 倍，有时会比半双工还要差，因此，相关的一些参考文献对全双工的容量分析进行了一些研究[143]。

文献[144]对 MIMO 全双工系统和速率的上下界进行了分析，利用发送、接收波束赋形进行了干扰消除，提出了一种最大化和速率下界的传输机制，并推导了系统和速率的近似表达式。最后研究了信噪比、干噪比、收发机的动态范围以及天线数量等因素对系统和速率的影响。文献[145]分析了多用户 MIMO 全双工系统中，基站总发送功率受到约束时的下行链路数据速率和单用户功率受约束时上下行链路的数据速率。仿真结果显示，当自干扰功率较小时，多用户 MIMO 全双工系统的速率大于多用户半双工 MIMO 系统。文献[146]基于分布式 MIMO 全双工系统，通过设计输入信号的协方差矩阵信息来优化系统的和速率，并提出了一种低复杂度的零空间投影矩阵设计算法，与传统的梯度投影算法相比，达到相近性能时能用更少的迭代次数。文献[147]在多用户 MIMO 全双工系统中，设计了使得频谱效率和能量效率最大化的预编码。结果表明，采用最优设计时，全双工比传统的半双工具有更好的频谱效率和能量效率。文献[148]分析了多小区 OFDMA 全双工蜂窝系统和传统的半双工蜂窝系统的吞吐量。结果表明，全双工蜂窝系统的上行速率比下行速率更容易受到自干扰的影响，并且系统的和速率比半双工系统有所提高。文献[149]在全双工系统存在剩余自干扰的情况下，推导了系统和速率的下界。结果表明，当系统的剩余信干比较大时，全双工系统的和速率接近半双工系统的两倍。文献[150]中，在信道信息位置的情况下，分析了发射机剩余自干扰对 MIMO 全双工系统互信息的影响，文中采用梯度投影的算法来求解最优功率分配。结果表明，当系统中的剩余自干扰过大时，可选择半双工模式；当剩余自干扰系统功率较小时，则采用全双工模式。文献[151]在大规模 MIMO 全双工系统中，分析了其和速率优化问题，结果表明，当系统采用天线调零技术后，可以减少系统的剩余自干扰和用户间干扰，从而提升大规模 MIMO 全双工系统的性能。文献[152]在信道状态信息未知的情况下,求解功率约束条件下的MIMO全双工加权和速率优化的最优化问题。文献[153]分析了信道估计误差对点对点全双工系统容量的影响,推导了采用最大比合并以及最优合并接收机时,系统的便利容量闭式表达。仿真表明,全双工系统容量在存在信道估计误差时也高于传统半双工系统。文献[154]针对全双工系统的和速率优化,通过对发送信号的协方差的设计,提出了两种次优的方法解决该问题。一种是将目标函数和速率通过一阶泰勒级数近似,变形为凸函数形式,直接采用内点法求解该优化问题。第二种是采用矩阵变换方法,将该凸问题转化为半定规划问题。仿真结果表明,两种方法都具有很好的收敛性,并保证了全双工系统的和速率性能都优于半双工。

2.6 全双工MAC协议设计

如文献[143]所述,由于全双工设备必须支持数据的同时收发,因此隐藏终端可能会对全双工模式的收发产生严重的影响。在典型的隐藏节点网络拓扑结构中,接入点和节点1进行全双工通信,但节点1和节点2之间都互相检测不到对方的存在,那么节点2对节点1就属于隐藏的节点。当主发射机即节点1,采用标准的载波监听多路访问/冲突避免(Carrier Sense Multiple Access/Collision Avoidance,CSMA/CA)协议向接入节点发送信息时,主接收机即接入点,一旦检测到节点1的数据包头后,也同时向节点1发送信息。节点1发送的数据包和接入点的次发送的数据包很有可能在时间和长度上不一致,因此会出现当次发送结束时,主发送还在进行,此时当隐藏节点向接入点发送数据时,就会跟主发送产生碰撞,进而影响通信质量。为了解决上述隐藏节点可能引起的碰撞问题,文献[23]提出了一种改进的MAC协议,设计了一个忙音区域来避免这个问题。具体如下:当任何一个节点的发送数据过程在其他节点接收数据完成时,它就要发送一个预先设计好的信号,直到自己完成数据的接收,因此,就可以在这段时间内避免隐藏节点向自己发送数据,避免了冲突。在文献[40]中,莱斯大学在WARP平台上实现了该MAC协议,实验采用WiFi频段的数据包格式,在10 MHz带宽上使用64个子载波的OFDM信号。实验表明,系统数据速率能达到2 Mb/s,所提的忙音辅助MAC协议能避免88%的冲突导致的数据包丢失,并且能够保持高达83.4%的数据包接收率,远远超过了半双工协议中的52.7%的数据包接受率。上述忙音辅助MAC协议虽然能有效地避免隐藏终端的碰撞问题,但是所设计的忙音区域不可避免地占用了额外的无线资源。文献[25]提出了一种全双工 MAC（FD-MAC）协议，不仅能有效地解决隐藏终端问题，而且不会开销额外的无线资源。其中，包括了三种机制：共享随机避让、窥探机制，以及虚拟竞争解决机制。共享随机避让机制原理为，全双工通信的双方在各自的数据包头中维护一个 10 bit 长的退避区间，当通信双方相互发送的数据包大小不同时，则可以通过调节该退避区间来保证通信的同步。窥探机制需要对全双工节点接收到的所有数据进行包头的检测，在这个过程中可以发现并且避免其他网络中隐藏节点的干扰。虚拟竞争解决主要是通过判断接入点缓存中的哪个数据包需要有限发送，通过对数据包发送的优先程度进行判断并合理地分配发送，从而避免网络中数据包的碰撞。

总之，全双工 MAC 协议的设计能够有效地避免隐藏节点的碰撞问题，从而可以有效地解决全双工网络中的网络拥塞问题，提升数据包的接收率，进而提升整个系统的吞吐量。

2.7 本章小结

本章回顾了无线全双工通信的基本知识。首先，简要介绍了无线通信原理的基本理论及知识，包括调制解调、量化、天线相关理论、无线信号传播及自适应滤波器等知识。其次，介绍了无线全双工通信中自干扰信号消除机制的国内外研究现状，包括被动消除技术及数字消除技术。

第 3 章
自干扰信号消除方案

3.1 引　言

首先，本章提出了一种基于多径反射的被动消除方法，结果表明，该方案可以在较小的隔离度下取得良好的消除性能。其次，本章提出了一种基于牛顿法的非线性数字消除方法，解决了在高发送功率下数字消除性能下降的问题。最后，本书探讨了一种联合被动消除和数字消除方案。根据自干扰状态信息确定数字消除中滤波器的长度，以平衡消除性能和计算复杂度。

3.2 基于多径反射的被动消除方法

3.2.1 理论分析

如图 3.1 所示，本方法的核心思路是利用电磁波的反射特性，使用金属覆铜板创造一条自干扰信号的反射信号。

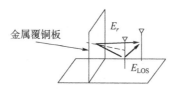

图 3.1　基于多径反射的被动消除方法的装置示意图

如图 3.2 所示，θ_i 为自干扰信号的入射角，θ_r 为反射角，d_{LOS} 为发送天线和接收天线之间的视距距离，d_0 为反射板与发射天线和接收天线所形成的平面之间的直线距离，E_{LOS} 为自干扰信号的电场强度，E_r 为反射信号的电场强度，E_{Total} 为自干扰信号和反射信号叠加产生的信号的信号强度。

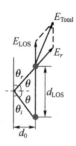

图 3.2 基于多径反射的被动消除方法的原理图

根据文献[99]所述，$E_r = \Gamma E_i$，其中 Γ 的值分为两种情况考虑，即电场在入射平面内及电场垂直于入射平面。对于电场在入射平面内的情况，有

$$\Gamma_\parallel = \frac{\eta_2 \sin\theta_t - \eta_1 \sin\theta_i}{\eta_2 \sin\theta_t + \eta_1 \sin\theta_i} \tag{3.1}$$

对于电场垂直于入射平面的情况，有

$$\Gamma_\perp = \frac{\eta_2 \sin\theta_i - \eta_1 \sin\theta_t}{\eta_2 \sin\theta_i + \eta_1 \sin\theta_t} \tag{3.2}$$

其中，η 为对应介质的固有阻抗。从麦克斯韦公式边界条件可以推出

$$\theta_i = \theta_r \tag{3.3}$$

即 $\theta = \frac{\pi}{2} - \theta_i = \frac{\pi}{2} - \theta_r$。在理论分析时，假设金属覆铜板为理想导体，这样所有的入射能量都会被返回到原介质中，并没有能量损失。此时，电场在入射波平面时，边界条件为

$$E_i = E_r \tag{3.4}$$

电场垂直于入射波平面

$$E_i = -E_r \tag{3.5}$$

对于本方案提出的场景，易判断出，电场为垂直于入射波平面的，即 $\Gamma = -1$。即自干扰信号在经过反射后，其相位产生了翻转。因此，在理论上，只需要满足

$$\theta_\Delta = \frac{2\pi\Delta d}{\lambda} = 2k\pi \tag{3.6}$$

其中，θ_Δ 为相位差；Δd 为距离差，即 $\Delta d = d_r - d_{LOS}$，d_r 为反射信号到达接收天线所经过的距离；k 为任意正整数。从图 3.2 可以看出

$$d_r = \frac{d_{LOS}}{\sin\theta} \tag{3.7}$$

由于 d_r 在实际中无法具体调整，用 d_0 和 d_{LOS} 表示，即

$$\sin\theta = \frac{\dfrac{d_{\text{LOS}}}{2}}{\sqrt{\left(\dfrac{d_{\text{LOS}}}{2}\right)^2 + d_0^2}} = \frac{d_{\text{LOS}}}{\sqrt{d_{\text{LOS}}^2 + 4d_0^2}} \tag{3.8}$$

将式（3.7）和式（3.8）代入式（3.6）中，可得

$$k\lambda = \sqrt{d_{\text{LOS}}^2 + 4d_0^2} - d_{\text{LOS}} \tag{3.9}$$

整理可得

$$4d_0^2 = k^2\lambda^2 + 2k\lambda d_{\text{LOS}} \tag{3.10}$$

只要调整收发天线和反射板的位置以满足上式，即可使自干扰信号及其反射信号在接收天线处叠加，以进行被动消除。

下面讨论在整个平面区域，叠加信号的电场强度及叠加信号功率强度。假设在距离发送天线距离为 d 处的参考电场强度为 E_d。在 t 时刻，直射路径下的自干扰信号场强为

$$E_{\text{LOS}}(d_{\text{LOS}}, t) = \frac{E_d d}{d_{\text{LOS}}} \cos\left[\omega_c\left(t - \frac{d_{\text{LOS}}}{c}\right)\right] \tag{3.11}$$

式中，$\omega_c = 2\pi f_c$ 为载波的频率对应的角速度。对于反射信号，其场强为

$$E_r(d_r, t) = \Gamma \frac{E_d d}{d_r} \cos\left[\omega_c\left(t - \frac{d_r}{c}\right)\right] \tag{3.12}$$

对于叠加信号 E_{Total}，其场强为

$$\begin{aligned} E_{\text{Total}}(d_{\text{LOS}}, d_r, t) &= E_{\text{LOS}}(d_{\text{LOS}}, t) + E_r(d_r, t) \\ &= \frac{E_d d}{d_{\text{LOS}}} \cos\left[\omega_c\left(t - \frac{d_{\text{LOS}}}{c}\right)\right] + \Gamma \frac{E_d d}{d_r} \cos\left[\omega_c\left(t - \frac{d_r}{c}\right)\right] \end{aligned} \tag{3.13}$$

对于同一节点，由于 d_0 和 d_{LOS} 都是厘米数量级，对于信号功率的衰减影响可以忽略不计，那么可以认为

$$\left|\frac{E_d d}{d_{\text{LOS}}}\right| = \left|\Gamma\frac{E_d d}{d_r}\right| = \left|-\frac{E_d d}{d_r}\right| = |E| \tag{3.14}$$

故式（3.3）可以写为

$$|E_{\text{Total}}(d_{\text{LOS}}, d_0, t)| = |E|\left\{\cos\left[\omega_c\left(t - \frac{d_{\text{LOS}}}{c}\right)\right] - \cos\left[\omega_c\left(t - \frac{d_r}{c}\right)\right]\right\} \tag{3.15}$$

当 $t = \dfrac{d_r}{c}$ 时，两信号在接收天线处叠加，即

$$\left|E_{\text{Total}}\left(d_{\text{LOS}}, d_0, t = \frac{d_r}{c}\right)\right| = |E|\left|\cos\left[\omega_c\left(\frac{d_r}{c} - \frac{d_{\text{LOS}}}{c}\right)\right] - \cos 0\right| \tag{3.16}$$

即

$$\left| E_{\text{Total}}\left(\Delta d, t=\frac{d_r}{c}\right) \right| = |E| \left| \cos\left(\omega_c \frac{\Delta d}{c}\right) - 1 \right| \qquad (3.17)$$

叠加后的接收信号功率为

$$\begin{aligned} P_{\text{Total}} &= E_{\text{Total}}^2\left(\Delta d, t=\frac{d_r}{c}\right) \\ &= E^2\left[\cos\left(\omega_c \frac{\Delta d}{c}\right) - 1\right]^2 \\ &= E^2\left[\cos^2\left(\frac{\omega_c \Delta d}{2c}\right) - \sin^2\left(\frac{\omega_c \Delta d}{2c}\right) - \cos^2\left(\frac{\omega_c \Delta d}{2c}\right) - \sin^2\left(\frac{\omega_c \Delta d}{2c}\right)\right]^2 \quad (3.18) \\ &= E^2\left[-2\sin^2\left(\frac{\omega_c \Delta d}{2c}\right)\right]^2 \\ &= 4E^2\sin^4\left(\frac{\omega_c \Delta d}{2c}\right) \end{aligned}$$

可以看出，叠加后的混合信号的功率是 Δd，即 d_r、d_{LOS} 的函数。另外，从本公式也可以看出，$\sin\left(\frac{\omega_c \Delta d}{2c}\right) = 0$ 时，P_{Total} 值最小，即 $\frac{\omega_c \Delta d}{2c} = k\pi$，这与前述理论分析的结论是一致的。

3.2.2 实验结果

首先给出理论分析的实验仿真结果。我们选取的是典型的 WiFi 信道（信道 13），载波频率为 2.472 GHz。为了使结果更加直观，选取 $|E|^2 = 1$ W = 0 dBm。平面视角和三维视角的仿真结果如图 3.3 和图 3.4 所示。

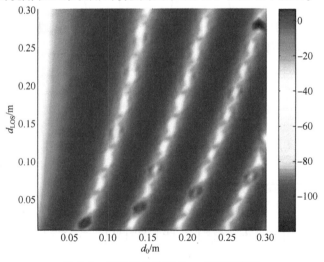

图 3.3 接收信号功率 P_{Total} 平面示意图

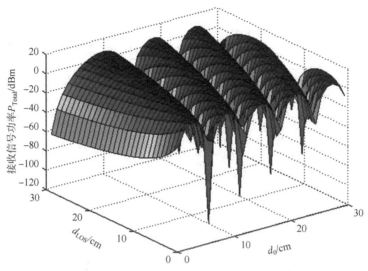

图 3.4 接收信号功率 P_{Total} 三维示意图

如图 3.4 所示,当 d_{LOS} 固定时,信号随着 d_0 的改变上下起伏。无论 d_{LOS} 的值取为多少,总能根据下式

$$d_0^{\min} = \frac{\sqrt{k^2\lambda^2 + 2k\lambda d_{\text{LOS}}}}{2} \quad (3.19)$$

计算出深衰落点对应的 $d_0^{\min}$ 值,以获得最大的被动消除效果。该方法的最大优点为对节点的收发天线没有硬性的尺寸要求,可以根据实际情况和需要进行设置。对于单频单载波的信号,如果仿真步长足够小,那么其可以在理论上完全抵消。但实际当中,由于设备尺寸、天线直径、误差等原因,无法达到如此精确,故选取的步长为 1 cm。表 3.1 给出步长为 1 cm 时,被动消除性能优异时所对应的 (d_{LOS}, d_0) 值及消除效果。

表 3.1 基于多径反射的被动消除方法理论仿真结果(步长为 1 cm)

(d_{LOS}, d_0) /cm	(28,29)	(2,7)	(4,14)	(6,21)	(8,28)
理论消除值 /dB	−119.580 9	−105.723 4	−93.682 3	−86.638 7	−81.641 2

由于 $|E|^2$ 的值设定为 0 dBm,故图 3.4 和表 3.1 中所示的值是该被动消除方法额外的消除性能。从表中可以看出,综合收发天线距离、设备尺寸等因素,$d_{\text{LOS}} = 2$ cm,$d_0 = 7$ cm 为最佳的坐标点,该位置可以在理论上达到 106 dB 左右

的消除性能。并且此时收发天线的距离仅为 2 cm。

以上理论仿真结果针对单频单载波信号,下面讨论针对宽带信号的情况。我们讨论中心频率为 2.472 GHz,带宽为 20 MHz 和 100 MHz 的 OFDM 信号。带宽为 20 MHz 时,其对应的截止频率 f_L^1 = 2.462 GHz 和 f_H^1 = 2.482 GHz;带宽为 100 MHz 时,其对应的截止频率为 f_L^2 = 2.422 GHz 和 f_H^2 = 2.522 GHz。仿真结果如图 3.5 和图 3.6 所示。

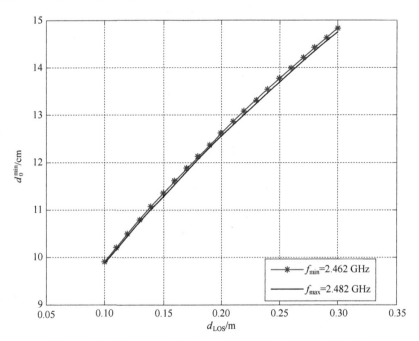

图 3.5 带宽为 20 MHz 的 OFDM 信号的截止频率对应的 $d_0^{\min}$

从图 3.5 可以看出,本方法对于 20 MHz 的宽带信号的消除效果在理论上影响不大。当 d_{LOS} 给定时,$d_0^{\min}(f_L^1)$ 与 $d_0^{\min}(f_H^1)$ 两条曲线相差无几,计算结果显示,其平均差异为 0.062 cm。在实际实验当中,其基本可以忽略。故在 20 MHz 及以下的带宽范围内的信号,该被动消除方法的性能几乎没有差异。从图 3.6 可以看出,对于带宽为 100 MHz 的信号,$d_0^{\min}(f_L^2)$ 与 $d_0^{\min}(f_H^2)$ 有较为明显的差异,计算结果显示,其平均差异为 0.312 cm。可见,对于带宽很大的信号,该方法的性能会下降。因为对于带宽内的特定频率,达到其 $d_0^{\min}$ 值时,对于带宽内的其他频率会有所偏差,无法达到深衰落点。

以上讨论基于理论分析的仿真实验结果。下面给出在实际实验中该方法的消除效果。首先给出实际的实验场景图,如图 3.7 所示。

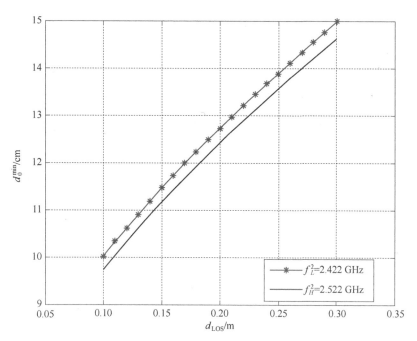

图 3.6　带宽为 1 000 MHz 的 OFDM 信号的截止频率对应的 $d_0^{\min}$

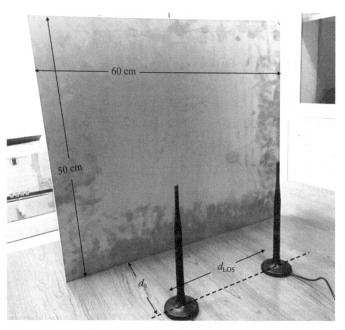

图 3.7　基于多径反射的被动消除方法的实验场景图

由于在理论上，电磁波不能穿过理想导体，当平面波入射到理想导体时，其能量会被全部反射回来。故本实验采用的反射板为金属覆铜板（Metal Base Copper Clad Laminate，MBCCL）。同时，由于电磁波遇到比波长大得多的物体表面时，信号产生反射，而在本实验中，采用的信号的中心频率为 2.4 GHz，即 $\lambda = 12.5$ cm，故选取的金属覆铜板的尺寸为 50 cm×60 cm。实验采用天线为第 2 章中所述的全向半波偶极子天线。图 3.8 所示为本实验的实验方案。

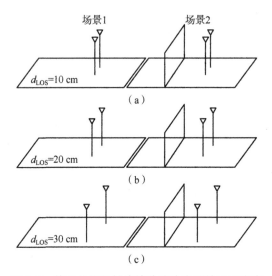

图 3.8 基于多径反射的被动消除方法的实验方案

方案 1 为未应用被动消除方法的实验场景，方案 2 是应用基于多径反射的被动消除方法的实验场景。并且为了验证理论分析的正确性，选取了 $d_{LOS} = 10$ cm，$d_{LOS} = 20$ cm 和 $d_{LOS} = 30$ cm 三种情况进行实验。实验结果由安捷伦（Agilent CXA N9000A）频谱分析仪测定。图 3.9~图 3.11 给出了实验结果。

应当指出的是，为了使实验结果易于理解，QPSK 信号和 OFDM 信号在场景 1 下的值已经经过归零化。从实验结果中可以看出：

（1）不同带宽信号的实验结果与理论值的计算曲线基本吻合，证明了理论分析的正确性。

（2）5 MHz 带宽的信号和 20 MHz 带宽的信号被动消除性能差异不大，与理论分析相吻合。

（3）该方法相比于场景 1 中信号的自然衰减，可以额外带来近 20 dB 的衰减。经实验测算，在 $d_{LOS} = 10$ cm 时，信号到达接收天线的自然衰减为 30 dB 左右。故本方法可以在自干扰信号到达接收天线之前共达到 50 dB 左右的衰减。

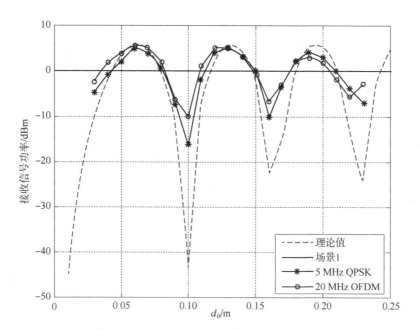

图 3.9　$d_{LOS}=10$ cm 时的被动消除实验结果

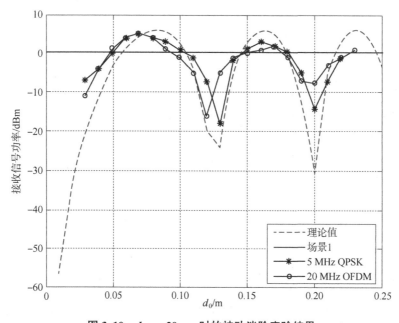

图 3.10　$d_{LOS}=20$ cm 时的被动消除实验结果

（4）随着 d_{LOS} 的增加，接收信号功率上下波动的"周期"也会增加。这

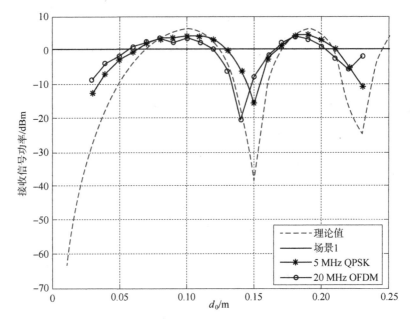

图 3.11 $d_{LOS}=30$ cm 时的被动消除实验结果

与图 3.5 和图 3.6 中的结论一致。

对于理论值和实验结果的差异，可以归结以下两个方面：

(1) 由于金属覆铜板的尺寸有限，并没有远远大于电磁波波长，且不是严格意义上的理想导体，故反射信号的功率有一定的损失，即 $|\varGamma|<1$。

(2) 由于测试环境并非微波暗室，故其他多径信号在接收天线处也有叠加，造成了信号消除效果的下降。

与已有的被动消除方法相比较，本节研究的方法具有较大的优势。主要体现在小空间范围内的被动消除能力，见表 3.2。

表 3.2 本方法与已有的被动消除方法的比较

方法	[15]	[6]	[7,11,13]	本书中方法
所需空间/cm	25	20	35	10
消除性能/dB	10+20	30	45.5+8+5	30+17

从表格中可以看出，本书中的方法能够达到 47 dB 左右的衰减。相较于文献[6,15]中所述的方法，利用更小的空间达到了更优秀消除的性能；相较于文献[7,11,13]中所述的方法，本方法的性能要差 11.5 dB 左右。但是其所有的方法采用了定向天线、交叉极化和吸波材料三种机制，具有高昂的成本和较

高的实现复杂度。

3.3 基于牛顿法的非线性数字消除方法

已有的数字消除方法，主要为线性数字消除方法。其最大的问题在于，在发送功率增加时，其消除性能会显著下降。如文献[16]所述，其在发送功率设定为 0 dBm 时，其提出的数字消除方法可以有 30 dBm 的消除性能。但是，当发送功率提高，其性能会显著下降 9 dB。基于此问题，本节首先给出了基于 WARP V3 硬件的自干扰信号基带通信链路模型，之后提出基于牛顿法的非线性数字消除算法，该数字消除方法考虑了通信链路中常见的非线性因素，并在 WARP V3 实验平台上进行了相关实验。实验结果表明，其在发送功率增加时，依旧可以保持良好的数字消除性能。

3.3.1 自干扰信号基带通信链路模型

无线开放可编程研究平台是由美国莱斯大学的科研人员研发的，开放的，可定制的开源平台。有关该平台的具体内容在第 4 章中会进行详细介绍。本通信链路模型，以其最新一代产品 WARP V3 为基础，并作出了相应的简化。也可以将本模型看作是典型的全双工无线通信中自干扰信号链路模型。

如图 3.12 所示，该模型包括一个基带计算单元、一个时钟单元、两个 12 bit 数模/模数转换单元、两个射频收发单元、一个功率放大单元、两个 SMA 接口单元、一个多径自干扰信道单元。其中，基带计算单元进行数字域的信号处理，包括帧同步、信道估计、数字消除、调制解调等；发送链路和接受链路共用一个时钟单元，以保证较低的相位噪声；射频收发单元负责将基带信号转换为射频信号，内部电路包括压控振荡器 VCO、频率合成器等；多径自干扰信道单元包括至少 2 个多径信道；12 bit 的数模转换单元可以尽量保证较低功率的量化噪声。

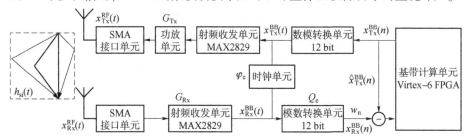

图 3.12　自干扰信号基带通信链路模型示意图

如图 3.12 所示，假设发送的基带信号为 $x_{\text{Tx}}^{\text{BB}}(n)$，经过 12 bit 的数模转换器后，变成了 $x_{\text{Tx}}^{\text{BB}}(t)$；在发送链路，功放单元和射频收发单元引入的增益为 G_{Tx}，在接收链路，射频收发单元引入的增益为 G_{Rx}；经过了射频收发单元的变频，信号变为 $x_{\text{Tx}}^{\text{RF}}(t)$；经过自干扰信道单元 $h_{\text{si}}(t)$，接收到的射频信号为 $x_{\text{Rx}}^{\text{RF}}(t)$；经过接收链路的射频收发单元，基带信号写为 $x_{\text{Rx}}^{\text{BB}}(t)$；经过 12 bit 的模数转换器后，基带数字信号写为 $x_{\text{Rx}}^{\text{BB}}(n)$。

在实际的无线通信系统中，功放的非线性噪声存在于发送和接收链路两端。无线通信系统辐射的射频功率，决定着无线传输的距离和范围。随着发射功率增大，全双工通信收发链路中模拟器件的非理想特性，特别是功率放大器的非线性特性和记忆效应，将致使全双工接收链路收到的干扰信号呈现出明显的非线性失真，因此有必要进一步深入分析和讨论非线性干扰信号特性、非线性干扰信号建模以及相应的信道参数估计等。在考虑理想情况进行分析时，通常可认为全双工接收链路收到的是线性干扰信号，即视为全双工通信信道具有线性的系统传输函数。但在实际诸多应用中，发射链路通常需要使用 PA 部件，以获得符合要求的功率增益以及转换效率，此时全双工收发信道的系统传输函数将会呈现出非常复杂的非线性特性，因此，一般情况下，实际的 PA 部件应视为是一种非线性系统。

在实际很多应用中，为了满足一定的发射功率和效率要求，通常要求功率放大器必须在其饱和点附近工作，即进入了非线性区域。随着功率放大器的输入功率持续增大到一定阶段以后，其输入输出功率变化曲线则将会出现明显的压缩现象，表明已进入功率放大器的非线性区域。

当 PA 在线性区域工作时，其功率增益几乎变化较小，且效率不高；当功率放大器输入功率增加至高功率区域附近时，功率增益虽然出现了一定的压缩现象，但此时 PA 的转换效率却得到了明显提高。

其中，发送端由功率放大单元引入，接收端由低噪声放大器引入（Low Noise Amplifier，LNA）。在接收端由于有自动增益控制单元（Automatic Gain Control，AGC），可以控制接收信号的功率和 LNA，使 LNA 工作在线性区域。故在分析时，仅考虑发送端引入的非线性噪声。如文献[155]所述，对于功率放大器，其输出信号 $f(x)$ 可以看作是输入信号 x 的多项式函数，即

$$f(x) = \sum_{p=1}^{q} a_p x^p \tag{3.20}$$

式中，q 为最高阶次。因此，经过射频发送单元和功放单元

$$\begin{aligned} x_{\text{Tx}}^{\text{RF}}(t) &= G_{\text{Tx}} f(x_{\text{Tx}}^{\text{BB}}(t) \mathrm{e}^{\mathrm{j}2\pi f_c t}) \\ &= G_{\text{Tx}} \sum_{p=1}^{q} a_p (x_{\text{Tx}}^{\text{BB}}(t))^p \mathrm{e}^{\mathrm{j}2\pi p f_c t} \end{aligned} \tag{3.21}$$

发送信号经过自干扰信道单元到达接收天线处。

需要特别说明的是，功率放大器在全双工无线通信收发链路中占据着非常重要的位置，一方面，发射链路天线辐射出去的发射功率大小主要由功率放大器决定，另一方面，接收链路中低噪声功率放大器需要将来自远端的弱有用期望信号放大到模数转换器要求的输入能量或电平值，且要求保证噪声或干扰最小化。因此，为满足一定的发射功率和效率要求，通常情况下，要求 PA 在其饱和点附近工作，即进入非线性区域。若功率放大器所放大的是窄带信号，则可以将 PA 模型等效为一个无记忆非线性系统，不考虑 PA 自身的记忆效应。

当功率放大器的输入信号包含两个或两个以上频率分量时，其所引起的非线性失真还将体现为互相调制现象，出现由多个输入信号频率成分线性组合而成的新频率分量，致使通过功率放大器后被放大信号的频谱发生了变化，出现了频谱再生现象，因而输出信号频谱被展宽，这将会对有用信号形成干扰，通常称之为交调失真（Inter-Modulation Distortion，IMD）。任何功率放大器都将不可避免存在交调失真问题，但在宽带高功率输入状态下，功率放大器的非线性交调现象将表现得更加明显，给全双工通信干扰抑制带来了更大挑战。

根据傅里叶分析理论，从频域上来看，PA 输出信号中包含了基波频率成分以及一系列的其他谐波频率成分。如文献[156]所述，为简化分析起见，在不考虑其四阶及其以上非线性效应情况下，由于直流分量、各次谐波分量、偶数阶交调失真分量、奇数阶带外交调失真分量均远离原始的基波分量，故可通过选取合适的滤波器进行去除；而奇数阶带内交调失真分量由于在原始的基波分量附近，故很难通过设计合适的滤波器进行滤除，因此，需要在非线性信号建模中进一步考虑到奇数阶带内交调失真分量的影响。如图 3.13 所示，奇数阶交调失真分量通常分布在有用的期望信号两边，致使其频谱进一步变宽。另外，需要特别说明的是，三阶交调失真分量，由于距离有用的期望信号最近，且其功率最强，因此对有用期望信号将造成最为严重的影响。

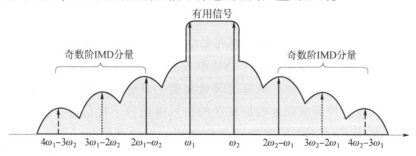

图 3.13　功率放大器输出信号的功率谱示意图

对于自干扰信道单元，若采用本书提出的被动消除方法，其至少包括两条多径信道，即一条视距信道，一条反射信道。在室内环境中，可能还会包括其他的一些多径信道。假设第 i 条多径信号到达接收天线的时间比主径信号到达接收天线的时间晚 Δ_i，自干扰信道可以写为

$$h_{si}(t) = \sum_{i=0}^{L} \omega_i \delta(t - \Delta_i) \qquad (3.22)$$

式中，L 为多径的数量；ω_i 为第 i 条多径的信道增益。故在接收端，有

$$\begin{aligned} x_{Rx}^{RF}(t) &= x_{Tx}^{RF}(t) * h_{si}(t) \\ &= \sum_{i=0}^{L} \omega_i x_{Tx}^{RF}(t - \Delta_i) \\ &= G_{Tx} \sum_{i=0}^{L} \omega_i \sum_{p=1}^{q} a_p \left[x_{Tx}^{BB}(t - \Delta_i) \right]^p e^{j2\pi p f_c(t - \Delta_i)} \end{aligned} \qquad (3.23)$$

信号被接收天线接收后，会在接收链路中进行一系列处理。假设相位噪声为 φ_e，接收链路中存在的高斯白噪声为 $z(t)$ 且 $G = G_{Tx} * G_{Rx}$，则经过射频收发单元处理后，基带接收信号变为

$$\begin{aligned} x_{Rx}^{BB}(t) &= G_{Rx} x_{Rx}^{RF}(t) e^{-j2\pi f_c t + \varphi_e} + z(t) \\ &= G \sum_{i=0}^{L} \omega_i \sum_{p=1}^{q} a_p \left[x_{Tx}^{BB}(t - \Delta_i) \right]^p e^{j2\pi f_c(pt - t - p\Delta_i) + \varphi_e} + z(t) \end{aligned} \qquad (3.24)$$

之后信号经过模数转换单元。模数转换的过程会引入量化噪声 $Q_e(n)$，其大小由模数转换单元的位数决定，一般量化噪声是随机的，可以看作加性随机噪声。因此，有

$$\begin{aligned} x_{Rx}^{BB}(n) &= \sum_{i=0}^{L} \underbrace{G\omega_i e^{-j2\pi \varphi_e f_c n}}_{a_{i,n}} \sum_{p=1}^{q} \underbrace{a_p e^{j2\pi f_c(pn - pi)}}_{b_{p,n}} \left[x_{Tx}^{BB}(n - i) \right]^p + \underbrace{z(n) + Q_e(n)}_{c(n)} \\ &= \sum_{i=1}^{L} a_{i,n} \sum_{p=1}^{q} b_{p,n} \left[x_{Tx}^{BB}(n - i) \right]^p + c(n) \end{aligned} \qquad (3.25)$$

从上式可以看出，最终接收到的基带数字信号 $x_{Rx}^{BB}(n)$ 是发送的基带数字信号 $x_{Tx}^{BB}(n)$ 的函数。该函数纳入了功放引入的非线性噪声，引入了多径信道的效应，引入了相位噪声。从基带等效来看，只要 $a_{i,n}$、$b_{p,n}$ 能够被尽量准确地估计，就能较为准确地根据发送的信号重建自干扰信号。应当指出的是，$c(n) = z(n) + Q_e(n)$ 可以理解为白噪声，即加性随机信号，不能被准确估计。从结果来看，其可以看作如图 3.14 所示的一个 Hammerstein 非线性系统。

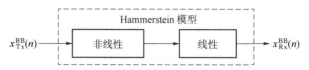

图 3.14　自干扰信号通信链路 Hammerstein 模型

从图 3.13 中可以看出，自干扰信号在自干扰信道中的畸变主要来自两方面：来自多径信道模型中的线性部分，该部分主要是多径时延造成的；来自功放中的非线性成分，该部分主要是发送功率较高时，功放工作在非线性区域中造成的。如果数字消除算法中能够准确地估计这两部分，就可以解决数字消除性能在高发送功率下的性能下降问题。

3.3.2　基于牛顿法的非线性数字消除方法总述

本小节给出基于上述模型的解决方法，如图 3.15 所示。该方法分为两步：

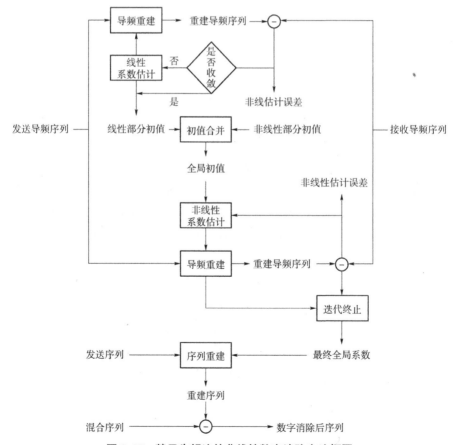

图 3.15　基于牛顿法的非线性数字消除方法框图

81

(1) 基于递归最小二乘算法的线性部分初值估计。

根据基带导频信号,通过最小二乘算法进行线性部分的滤波器系数的初值估计。当算法收敛时,根据遗忘因子进行初值设定。

(2) 基于牛顿法的迭代全局系数求解。

将第一步得到的线性部分初值和非线性部分初值合并,作为全局滤波器系数的初值。通过基于牛顿法的迭代算法进行全局系数计算,得到全局系数。

3.3.3 基于递归最小二乘算法的线性部分初值估计

最小二乘准则是以误差的平方和最小作为最佳准则的误差准则。

定义 $\mathrm{err}(n)$ 为第 n 时刻的误差信号,即

$$\mathrm{err}(n) = d(n) - y(n) \tag{3.26}$$

式中,$d(n)$ 为期望信号;$y(n)$ 为根据滤波器系数重建的信号。令

$$\xi(n) = \sum_{i=0}^{n} \mathrm{err}^2(i) \tag{3.27}$$

为第 n 时刻的误差信号的平方和。引入遗忘因子 λ,则

$$\xi'(n_{\mathrm{iter}}) = \sum_{i=0}^{n} \lambda^{n-i} e^2(i) \tag{3.28}$$

令 $d'(i) = \sqrt{\lambda^{n-i}} d(i)$,$y'(i) = \sqrt{\lambda^{n-i}} y(i)$,则

$$\xi'(n) = \sum_{i=0}^{n} (d'(i) - y'(i))^2 \tag{3.29}$$

遗忘因子的引入可以使最近输入的数据在算法中占有更大的权重,对于自干扰信道在非平稳状态下有着积极的意义。对于有限冲击响应滤波器,假设系数向量为 $\boldsymbol{w}(n) = [w(1), w(2), \cdots, w(L)]^{\mathrm{T}}$,其中,$L$ 为滤波器阶数(多径数量),输入向量为 $\boldsymbol{u}(n) = [u(n), u(n-1), \cdots, u(n-L+1)]^{\mathrm{T}}$,则其输出

$$y(n) = \sum_{k=1}^{L} w(k) u(n-k+1) \tag{3.30}$$

将上式代入式 (3.29),可得

$$\begin{aligned}\xi'(n) &= \sum_{i=0}^{n} d'^2(i) + \sum_{i=0}^{n} y'^2(i) - 2\sum_{i=0}^{n} d'(i) y'(i) \\ &= \sum_{i=0}^{n} \lambda^{n-i} d^2(i) + \sum_{i=0}^{n} \lambda^{n-i} \sum_{k=1}^{L} \sum_{m=1}^{L} w(k) w(m) u(n-k+1) u(n-m+1) - \\ &\quad 2\sum_{i=0}^{n} \lambda^{n-i} \sum_{k=1}^{L} w(k) u(n-k+1) d(i)\end{aligned} \tag{3.31}$$

递归最小二乘算法的目的是使误差的平方和最小,即

$$\frac{\partial(\xi')}{\partial w(n)} = 0 \qquad (3.32)$$

由于上式是对 $w(n)$ 的函数求导，故会产生一组方程式，若写成矩阵形式，则

$$w(n) = R^{-1}(n)P(n) \qquad (3.33)$$

式中，$P(n) = \sum_{i=0}^{n} \lambda^{n-i} u(i) d(i)$，且

$$R(n) = \sum_{i=0}^{n} \lambda^{n-i} u(i) u^{T}(i) = \lambda R(n-1) + u(n) u^{T}(n) \qquad (3.34)$$

由上式可以看出，$R(n)$ 可以通过迭代来得到。由于最终目标为求解 $R^{-1}(n)$，可以通过式 (3.33) 计算滤波器最终系数，故利用下述矩阵计算性质

$$(A+BCB^{T})^{-1} = A^{-1} - A^{-1}B(C^{-1}+B^{T}A^{-1}B)^{-1}B^{T}A^{-1} \qquad (3.35)$$

通过观察式 (3.34) 可得，等号两端同时乘以 λ^{-1} 可得下式

$$\lambda^{-1} R(n) = R(n-1) + u(n) \lambda^{-1} u^{T}(n) \qquad (3.36)$$

对比式 (3.35) 与式 (3.36)，可令 $A = R(n-1)$，$B = u(n)$，$C = \lambda^{-1}$，则

$$R(n)^{-1} = \lambda^{-1} \left(R^{-1}(n-1) - \frac{R^{-1}(n-1) u(n) u^{T}(n) R^{-1}(n-1)}{\lambda + u^{T}(n) R^{-1}(n-1) u(n)} \right) \qquad (3.37)$$

从上式可以看出，仅利用上次迭代的结果和当前时刻的输入，即可通过迭代求出 $R^{-1}(n)$。相似地，$P(n) = \sum_{i=0}^{n} \lambda^{n-i} u(i) d(i)$ 可改写为迭代的形式，如下

$$P(n) = \sum_{i=0}^{n} \lambda^{n-i} u(i) d(i) = \lambda P(n-1) + u(n) d(n) \qquad (3.38)$$

定义卡尔曼因子如下

$$k(n) = \frac{R(n-1) u(n)}{\lambda + u^{T}(n) R(n-1) u(n)} \qquad (3.39)$$

故式 (3.37) 可以写为

$$R(n)^{-1} = \lambda^{-1} [R^{-1}(n-1) - k(n) u^{T}(n) R^{-1}(n-1)] \qquad (3.40)$$

将式 (3.40) 和式 (3.38) 代入式 (3.33)，可得

$$\begin{aligned} w(n) &= R^{-1}(n) P(n) \\ &= \lambda^{-1} [R^{-1}(n-1) - k(n) u^{T}(n) R^{-1}(n-1)] [\lambda P(n-1) + u(n) d(n)] \\ &= R^{-1}(n-1) P(n-1) + \lambda^{-1} d(n) R^{-1}(n-1) u(n) - \\ &\quad k(n) u^{T}(n) R^{-1}(n-1) P(n-1) - \\ &\quad \lambda^{-1} d(n) k(n) u^{T}(n) R^{-1}(n-1) d(n) \\ &= w(n-1) + k(n) [d(n) - u^{T}(n) w(n-1)] \end{aligned} \qquad (3.41)$$

进而将 $y(n) = u^{T}(n) w(n-1)$ 代入式 (3.41)，可得最终的迭代公式，即

$$w(n) = w(n-1) + k(n)[d(n) - y(n)]$$
$$= w(n-1) + k(n)\text{err}(n) \tag{3.42}$$

对于全双工通信系统,令发送的导频序列 T_{pil} 为 $u(n)$,接收到的导频序列 R_{pil} 为期望信号 $d(n)$,通过以上方法对 w 进行训练。具体算法如下:

输入:遗忘因子 λ,滤波器阶数 L,发送导频序列 T_{pil},接收导频序列 R_{pil},相关参数初值 $R^{-1}(0) = \dfrac{1}{\delta}I$,其中,$\delta$ 为值很小的随机数,$w(0) = [0, 0, \cdots, 0]$;

输出:系数矩阵 W;

算法:
1. 更新 $T_{\text{pil}}(n)$;
2. 计算卡尔曼增益因子 $k(n)$;
3. 根据 $w(n-1)$ 计算滤波器输出,即 $\hat{T}_{\text{pil}}(n) = w^{\text{T}}(n-1)u(n)$;
4. 计算误差函数 $\text{err}(n) = R_{\text{pil}}(n) - \hat{T}_{\text{pil}}(n)$;
5. 更新滤波器系数 $w(n) = w(n-1) + k(n)\text{err}(n)$;
6. 将 $w(n)$ 存入系数矩阵 W;
7. 更新 $R^{-1}(n)$。

通过训练,获得矩阵 W 后,由于考虑自干扰信道可能存在的时变特性,故可利用遗忘因子 λ 对线性部分的初值进行重新分配,以使初值结果更加贴近最近的自干扰信道特性。在本书提出的方法中,利用下式得到最终的线性部分系数 w_f

$$w_f = \frac{\sum_{i=1}^{idx_{\text{start}} - idx_{\text{end}} + 1} \lambda^i w(idx_{\text{start}} - i + 1)}{\sum_{i=1}^{idx_{\text{start}} - idx_{\text{end}} + 1} \lambda^i} \tag{3.43}$$

式中,idx_{start} 为算法收敛时的索引;idx_{end} 为算法结束时的索引。式(3.43)可以使接近负载的导频序列对系数估计时的影响较大。

3.3.4 基于牛顿法的迭代全局系数求解

经过上一小节的计算,令全局系数向量为 Θ,线性系数部分为 Θ_{linear},其阶数为 L,非线性部分为 $\Theta_{\text{non-linear}}$,其阶数为 q,则

$$\boldsymbol{\Theta}(n) = [\boldsymbol{\Theta}_{\text{linear}}(n), \boldsymbol{\Theta}_{\text{non-linear}}(n)] = [a_{0,n}, \cdots, a_{L,n}, b_{1,n}, \cdots, b_{q,n}] \quad (3.44)$$

其阶数为 $M=L+q$。本节的目标为求解全局系数向量 $\boldsymbol{\Theta}$。对于全局系数向量的初值 $\boldsymbol{\Theta}_0$，令

$$\boldsymbol{\Theta}_0 = [\boldsymbol{w}_f, 1, \underbrace{0, \cdots, 0}_{q-1}] \quad (3.45)$$

一维的二阶泰勒公式可写为

$$f(x+\Delta x) = f(x) + \Delta x f'(x) + \frac{\Delta x^2}{2} f''(x) \quad (3.46)$$

等式两边对 Δx 求导，可得 $0 = f'(x) + \Delta x f''(x)$，即

$$\Delta x = -\frac{f'(x)}{f''(x)} \quad (3.47)$$

因此，可以根据式（3.46）来进行迭代

$$x_{n+1} = x_n + \Delta x = x_n - \frac{f'(x)}{f''(x)} \quad (3.48)$$

根据上述思路，将其拓展到多维的情况，即

$$\boldsymbol{\Theta}_{\text{iter}+1} = \boldsymbol{\Theta}_{\text{iter}} + \delta \boldsymbol{H}^{-1}(\boldsymbol{\Theta}_{\text{iter}}) g(\boldsymbol{\Theta}_{\text{iter}}) \quad (3.49)$$

式中，δ 为迭代步长；g 为 $\boldsymbol{\Theta}_{\text{iter}}$ 的梯度向量，即

$$g(\boldsymbol{\Theta}) = \left[\frac{\partial f}{\partial \boldsymbol{\Theta}_1}, \cdots, \frac{\partial f}{\partial \boldsymbol{\Theta}_L}\right]^{\text{T}} \quad (3.50)$$

$\boldsymbol{H}$ 为 Hessian 矩阵，即

$$\boldsymbol{H}(\boldsymbol{\Theta}) = \begin{bmatrix} \dfrac{\partial f}{\partial \boldsymbol{\Theta}_1^2} & \dfrac{\partial f}{\partial \boldsymbol{\Theta}_1 \partial \boldsymbol{\Theta}_2} & \cdots & \dfrac{\partial f}{\partial \boldsymbol{\Theta}_1 \partial \boldsymbol{\Theta}_L} \\ \dfrac{\partial f}{\partial \boldsymbol{\Theta}_2 \partial \boldsymbol{\Theta}_1} & \dfrac{\partial f}{\partial \boldsymbol{\Theta}_2^2} & \cdots & \dfrac{\partial f}{\partial \boldsymbol{\Theta}_2 \partial \boldsymbol{\Theta}_L} \\ \vdots & \vdots & \ddots & \vdots \\ \dfrac{\partial f}{\partial \boldsymbol{\Theta}_L \partial \boldsymbol{\Theta}_1} & \dfrac{\partial f}{\partial \boldsymbol{\Theta}_L \partial \boldsymbol{\Theta}_2} & \cdots & \dfrac{\partial f}{\partial \boldsymbol{\Theta}_L^2} \end{bmatrix} \quad (3.51)$$

在数字消除中，定义

$$V(\boldsymbol{\Theta}) = \frac{1}{N} \sum_{n=1}^{N} \nu^2(n, \boldsymbol{\Theta}) \quad (3.52)$$

为目标准则，目的是使 $V(\boldsymbol{\Theta})$ 最小。其中，$\nu(n, \boldsymbol{\Theta})$ 为数字消除的误差，即

$$\nu(n, \boldsymbol{\Theta}) = x_{\text{Rx}}^{\text{BB}}(n) - \hat{x}_{\text{Tx}}^{\text{BB}}(n, \boldsymbol{\Theta}) \quad (3.53)$$

$\hat{x}_{\text{Tx}}^{\text{BB}}(n)$ 可以写为

$$\hat{x}_{\text{Tx}}^{\text{BB}}(n, \boldsymbol{\Theta}) = A(k^{-1}) \sum_{p=1}^{q} b_{p,n} [x_{\text{Tx}}^{\text{BB}}(n)]^p \quad (3.54)$$

式中，k 为延迟单元，其 $A(k^{-1})$ 可以写为多项式形式

$$A(k^{-1}) = a_{0,n} + a_{1,n}k^{-1} + \cdots + a_{L,n}k^{-L} = \sum_{l=0}^{L} a_{l,n}k^{-l} \tag{3.55}$$

根据式（3.51）可以得出

$$g(\boldsymbol{\Theta}) = \frac{\mathrm{d}V}{\mathrm{d}\boldsymbol{\Theta}} = \frac{2}{N}\sum_{i=1}^{N} \nu(n,\boldsymbol{\Theta}) \frac{\partial \nu}{\partial \boldsymbol{\Theta}} \tag{3.56}$$

而对于 $H(\boldsymbol{\Theta})$，从式（3.48）中可以看出，在迭代中，需要求解 H^{-1}，计算量是巨大的，故利用 Levenberg-Marquardt 方法近似之，即

$$H(\boldsymbol{\Theta}) \approx \frac{1}{N}\sum_{n=1}^{N} \frac{\partial \nu(n,\boldsymbol{\Theta})}{\partial \boldsymbol{\Theta}} \frac{\partial \nu(n,\boldsymbol{\Theta})^{\mathrm{T}}}{\partial \boldsymbol{\Theta}} + \mu I \tag{3.57}$$

式中，N 为输入数据的长度，即导频的长度；μ 的设置可避免 $H(\boldsymbol{\Theta})$ 成为病态矩阵。

下面讨论 $\frac{\partial \nu(n,\boldsymbol{\Theta})}{\partial \boldsymbol{\Theta}}$。由于 $\boldsymbol{\Theta}$ 由两个部分组成，即线性部分系数和非线性部分系数。由式（3.52）和式（3.53），对于线性部分系数，可得

$$\frac{\partial \nu(n)}{\partial a_{l,n}} = \sum_{p=1}^{q} b_{p,n} [x_{\mathrm{Tx}}^{\mathrm{BB}}(n-l)]^{p} \tag{3.58}$$

式中，l 为整数，且 $l \in [1,L]$。对于非线性系数，可得

$$\frac{\partial \nu(n)}{\partial b_{p,n}} = A(k^{-1})[x_{\mathrm{Tx}}^{\mathrm{BB}}(n)]^{p} \tag{3.59}$$

应当指出的是，δ 的值对于能否找到最优的 $\boldsymbol{\Theta}_{\mathrm{best}}$ 至关重要，因为实际的通信系统中会考虑计算复杂度和延迟，而影响计算复杂度和延迟的关键变量为最大迭代次数 $\mathrm{iter}_{\max}$。那么如何在给定的 $\mathrm{iter}_{\max}$ 下寻找到 $\boldsymbol{\Theta}_{\mathrm{best}}$ 呢？下面给出本书设计的一种算法，伪代码如下：

输入：初始化 $\boldsymbol{\Theta}_0$；初始化 δ，μ，$\mathrm{err}_{\mathrm{flag}}$，$\mathrm{iter}_{\max}$；

输出：最优全局系数 $\boldsymbol{\Theta}_{\mathrm{best}}$；

算法：Function F
    for iter from 1 to $\mathrm{iter}_{\max}$
        compute $V(\boldsymbol{\Theta}_{\mathrm{iter}})$
        if iter == 2 and $V(\boldsymbol{\Theta}_{\mathrm{iter}}) > V(\boldsymbol{\Theta}_{\mathrm{iter}-1})$
            set $\mathrm{err}_{\mathrm{flag}}$ as "δ is too big"
            return $\mathrm{err}_{\mathrm{flag}}$

```
    elseif iter>2 and V(Θ_iter)>V(Θ_iter-1)
        set err_flag as "δ is ok"
        return err_flag and Θ_iter-1
    endif
    compute H^{-1}(Θ_iter) and g(Θ_iter)
    Update Θ_iter+1
  endfor
  set err_flag as "δ is too small"
  return err_flag
endfunction

do:
  function F
  if err_flag is "δ is too small"
      set δ=δ*10
  if err_flag is "δ is too big"
      set δ=δ/10
while (err_flag is "δ is ok")
```

该算法可以有效地解决在给定的 $\text{iter}_{\max}$ 下，寻找到 Θ_{best} 的问题。

最终，在得到全局系数的最优值 Θ_{best} 后，即可通过式（3.54）得到 $\hat{x}_{\text{Tx}}^{\text{BB}}(n)$，之后混合信号减去 $\hat{x}_{\text{Tx}}^{\text{BB}}(n)$，即可完成数字消除，得到远端的有用信号。

3.3.5 数字消除实验结果

对于非线性模型的引入，首先需要探求的是何种非线性模型对非线性消除是最优的。应当指出的是，讨论非线性模型时，并未考虑多径效应，即延迟的情况，以使结果更加清晰明了。式（3.25）给出了具体的模型，在此基础上，假设如下四个非线性模型

$$x_{\text{Rx}}^{\text{BB}}(n) = b_{1,n} x_{\text{Tx}}^{\text{BB}}(n) \tag{3.60}$$

$$x_{\text{Rx}}^{\text{BB}}(n) = b_{1,n} x_{\text{Tx}}^{\text{BB}}(n) + b_{2,n} [x_{\text{Tx}}^{\text{BB}}(n)]^2 \tag{3.61}$$

$$x_{\text{Rx}}^{\text{BB}}(n) = b_{1,n} x_{\text{Tx}}^{\text{BB}}(n) + b_{3,n} \left[x_{\text{Tx}}^{\text{BB}}(n) \right]^3 \tag{3.62}$$

$$x_{\text{Rx}}^{\text{BB}}(n) = b_{1,n} x_{\text{Tx}}^{\text{BB}}(n) + b_{2,n} \left[x_{\text{Tx}}^{\text{BB}}(n) \right]^2 + b_{3,n} \left[x_{\text{Tx}}^{\text{BB}}(n) \right]^3 \tag{3.63}$$

式（3.60）（Model 1）为未考虑非线性的情况，式（3.61）（Model 2）为只考虑 2 次谐波分量的情况，式（3.62）（Model 3）为只考虑 3 次谐波分量的情况，式（3.63）（Model 4）为同时考虑 2 次谐波和 3 次谐波分量的情况。由于该非线性主要由发送端的功放引入，故应使功放工作在非线性状态下，即发送功率较高的情况。为此，在实验中设定发送功率为 25 dBm、30 dBm、35 dBm。

图 3.16～图 3.18 给出了四种模型在三种发送功率下的消除性能的累积分布函数图（Cumulative Distribution Function，CDF）。从图中可以得出以下结论：

（1）Model 1 的消除性能最差，Model 2 的消除性能略优于 Model 1。

（2）Model 3 和 Model 4 的消除性能基本没有差异，且比 Model 2 的消除性能有明显的提升。

（3）发送功率越高，Model 3 相比 Model 2 的优越性越明显，即非线性特征越明显。

综上所述，Model 3 是最佳的非线性模型，相比 Model 4，其所需估计的参数少，并且达到的性能与之几乎没有差异，即 $b_{2,n} = 0$。

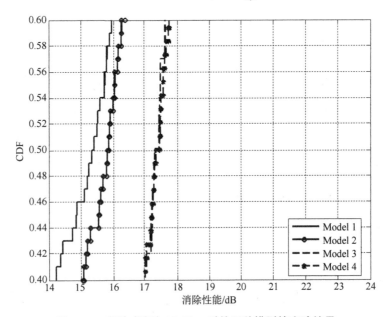

图 3.16 发送功率为 25 dBm 时的四种模型的实验结果

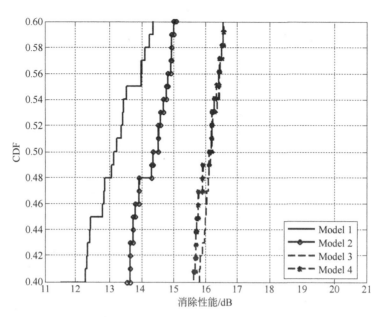

图 3.17 发送功率为 30 dBm 时的四种模型的实验结果

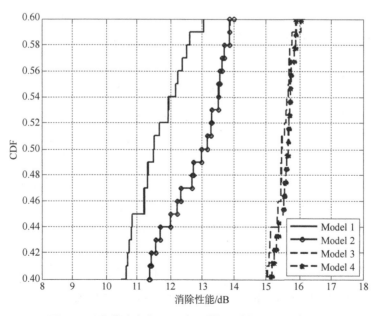

图 3.18 发送功率为 35 dBm 时的四种模型的实验结果

为了观察二次谐波分量 Δ^2 和三次谐波分量 Δ^3 对数字消除实验结果的影响，给出图 3.19。

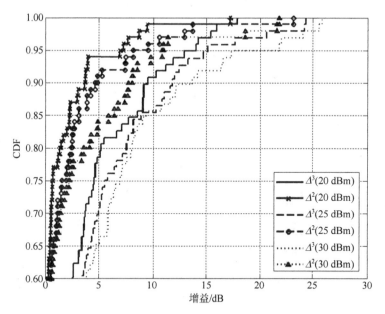

图 3.19　多次谐波分量的数字消除增益

由图 3.19 可以看出，在发送功率较高时，三次谐波分量带来的数字消除增益较二次谐波分量有明显的提升，并且这种提升随着发送功率增加而变得更加明显，见表 3.3。

表 3.3　多次谐波的数字消除增益

谐波（功率/dBm）	$\Delta^2(20)$	$\Delta^3(20)$	$\Delta^2(25)$	$\Delta^3(25)$	$\Delta^2(30)$	$\Delta^3(30)$
增益/dB	0.08	1.7	0.17	2.3	0.1	2.8

由表 3.3 可以看出，定量来看，三次谐波的引入可以为数字消除带来最多 2.8 dB 左右的增益，而二次谐波的引入则提升的效果很有限。

利用本节给出的数字消除方法的实验结果如图 3.20 和图 3.21 所示。

为了使实验结果清晰明了，与文献[42,157]中所采用的方法进行了对比。从实验结果可以看出，在发送功率较高时，本书所提出的方法皆优于其他两种方法，并且在 20 dBm 时，依然能够保证 30 dB 的消除性能。

图 3.22 给出了发送功率为 0~20 dBm 的数字消除性能对比及本书中所提出的方法与文献[157]中所述方法获得的性能提升增益。从图 3.22 中可以看出，当发送功率超过 10 dBm 时，另外两种线性消除的方法的性能会发生显著下降，而我们提出的方法，在之后能够保持比较稳定的数字消除性能，并且在

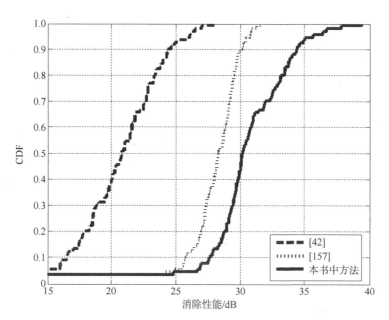

图 3.20　发送功率为 15 dBm 时的数字消除性能对比

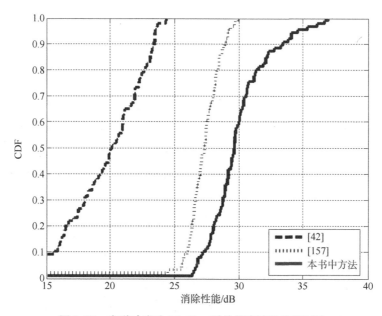

图 3.21　发送功率为 20 dBm 时的数字消除性能对比

发送功率为 20 dBm 时，依然可以保证 30 dBm 的消除效果。图 3.23 的结果对比更加清晰，随着发送功率的增加，与文献[157]中的方法对比，所带来的性能增益增加，在 20 dBm 时，有 3 dB 左右。

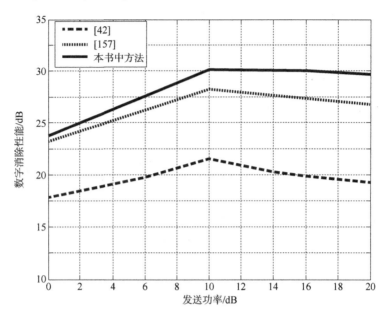

图 3.22　数字消除在发送功率为 0~20 dBm 时的性能对比

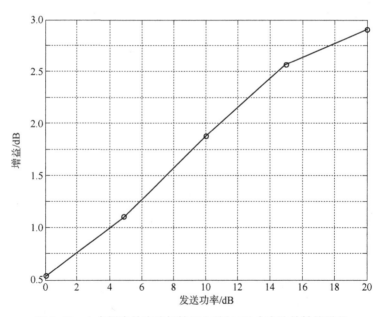

图 3.23　本书提出的方法相较于文献[157]中方法的性能增益

3.4 联合被动消除和数字消除机制

传统的全双工自干扰信号消除机制在空域、模拟域和数字域对自干扰信号进行消除，每个域的消除都是相对独立的。即数字域无法根据空域或模拟域来消除产生的影响，进而自适应调节。本小节力图提出一种联合被动消除和数字消除的机制，利用自干扰信道的状态信息，自适应调整数字消除算法，以提升数字消除的性能。

3.4.1 联合消除机制的基础

被动消除的主要原理是抑制收发天线间的视距主径信号，但多径信号的功率并没有被抑制。在接收天线处，由视距主径信号主导变为多个功率相似的多径信号叠加的情况。此时，自干扰信道会由平坦衰落变为频率选择性衰落。频率选择性衰落指不同频率的信号在通过该信道时，功率发生了不同程度的衰落。即该信道不再是平坦信道了，其相干带宽会变小。

为了验证上述推论的正确性，选取了带宽为 5 MHz 的 QPSK 信号进行实验。本实验中，采用了天线上下摆放的被动消除方式。如第 2 章全向半波偶极子天线的方向图所示，当天线垂直放置于水平面时，发送信号的功率主要集中在与水平面平行的平面内。而天线上部和下部就成为信号深衰落的区域，即发送信号在垂直方向的功率很小。因此，天线上下摆放的方式也可以作为被动消除的一种。

具体的系统设计方案将在第 4 章给出，本小节只给出实验的原理框图及相应的实验结果，以验证上述推论的正确性。实验原理框图如图 3.24 所示。

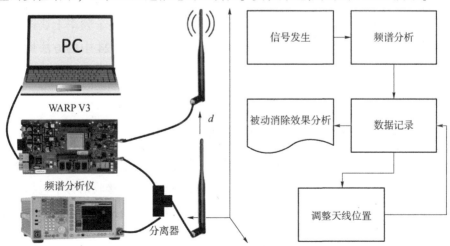

图 3.24　分离器被动消除下的相干带宽实验框图

接收天线连接一个功分器,将信号分为两路:一路送入接收板,以进行数字信号处理;一路送入频谱分析仪,以测量信号的功率和带宽。对比结果如图 3.25 所示。

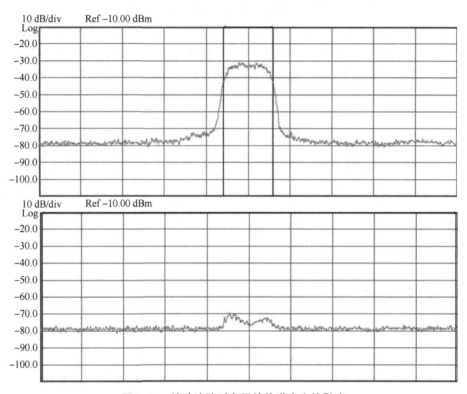

图 3.25 被动消除对自干扰信道产生的影响

从图 3.25 中可以看出,在被动消除前,接收信号在各个频率上获得的增益都比较一致,即干扰信道是一个平坦信道。当采用图 3.24 中的方法加入了被动消除方法后,自干扰信号在不同频率所获得的增益产生了差异,即自干扰信道此时已经变成了频率选择性信道。

3.4.2 联合消除机制的具体阐述

当自干扰信道变为频率选择性信道后,其在基带的信道模型也会发生相应的变化。在该情况下,信道冲激响应具有多径时延扩展。接收信号中包括了经历了衰减和时延的发送信号波形的多径波。对于多径时延扩展,定义平均附加时延为

$$\bar{\tau} = \frac{\sum_k a_k^2 \tau_k}{\sum_k a_k^2} = \frac{\sum_k P(\tau_k)\tau_k}{\sum_k P(\tau_k)} \tag{3.64}$$

式中，τ_k 为第 k 条多径时延；$P(\tau_k)$ 为第 k 条多径的功率，其可以理解为功率延迟分布的一阶矩。在本节中，采用均方根（root mean square，rms）时延扩展来定量衡量时间色散参数。其可定义为

$$\sigma_\tau = \sqrt{\overline{\tau^2} - (\bar{\tau})^2} \tag{3.65}$$

式中，

$$\overline{\tau^2} = \frac{\sum_k a_k^2 \tau_k^2}{\sum_k a_k^2} = \frac{\sum_k P(\tau_k)\tau_k^2}{\sum_k P(\tau_k)} \tag{3.66}$$

相干带宽 B_c 是在 rms 时延扩展上得出的一个确定的关系值。其反映了在一特定频率范围内，两个频率具有很强的相关性。相干带宽与 σ_τ 的关系见下式

$$B_c \propto \frac{1}{\sigma_\tau} \tag{3.67}$$

多径时延越长，反映在基带信号中，其信号的记忆性越强，即当前信号与过往信号的相关性越长；反映到滤波器参数上，即线性滤波器的阶数 L 越长。假设自干扰信号带宽为 B_{SI}，则 L 与 $\left\lceil \frac{B_{SI}}{B_c} \right\rceil$ 是正相关的，其中，⌈ ⌉表示向上取整。而线性滤波器阶数是和其计算复杂度有很大关系的，L 越大，计算复杂度越高，因为 L 越大，意味着更多的系数需要被估计。如文献[158]所述，对于自适应滤波器，最小均方误差算法的计算复杂度是 $O(L)$，而递归最小二乘算法的计算复杂度是 $O(L^2)$。

综上所述，可以通过被动消除后的自干扰信道的状态信息，即多径时延、相干带宽来考虑滤波器阶数的估值。该联合机制可以使数字消除在达到较优消除性能的同时，保证较低的计算复杂度。

图 3.26 给出了联合被动消除和数字消除机制的框图。在进行全双工通信之前，可利用导频序列进行自干扰信道信息的初步估计，获得多径时延、相干带宽等参数。通过这些参数来对 L 进行初步的估计。

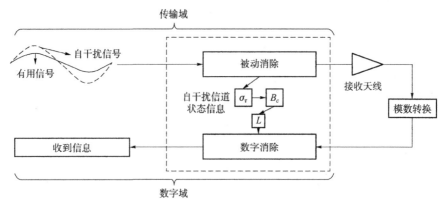

图 3.26 联合被动消除和数字消除机制

3.4.3 实验结果

应当指出的是,相干带宽与多径时延的关系及滤波器阶数与相干带宽之间的关系,与信号的调制方式及实验的具体环境有较大的关系,3.4.2 节给出了其定性的关系,定量的关系在本节通过实验测得。

首先,在发送端构造一个方波,在接收端通过观察方波尾部信号的衰落情况,即可算得该环境下的多径时延参数。图 3.27 给出了随着时间的推移,接收端信号衰落的结果。按照式(3.64)~式(3.66)的方法计算,可得 σ_τ 为 67.1 ns 左右,在相关系数为 0.5 的情况下,计算的相干带宽为 $B_c = 2.98$ MHz。

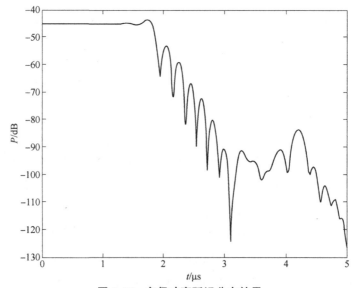

图 3.27 多径功率延迟分布结果

之后，采用递归最小二乘算法在高发送功率下根据导频序列对接收到的信号进行线性估计。图 3.28 给出了线性数字消除之后的结果。

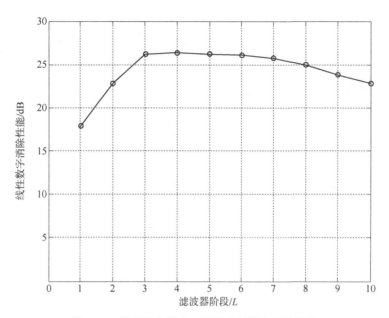

图 3.28　基于递归最小二乘的线性数字消除性能

图 3.28 给出了数字消除性能随着滤波器阶数变化的结果。从图中可以看出，滤波器阶数为 3 的时候，数字消除性能达到较优情况，并且不再随着滤波器阶数的增加而改变。即可以认为，L 之前的符号，并没有含有当前信号的信息。故在此情况下，可以用 $L=\left\lceil\dfrac{B_{\mathrm{SI}}}{B_c}\right\rceil+1$ 来初步估计滤波器阶数。

为了验证上述估计的正确性，在发送功率为 5 dBm、10 dBm、15 dBm 时做了实验。

从图 3.29 中可以看出，对不同的发送功率，滤波器阶数皆在 $L=3$ 时为较优的值。同时，还观察到一个现象：当发送功率下降后，滤波器阶数增加时，反而会引起数字消除性能的下降。这源自发送功率下降，导致多径信号功率也相应地下降。因此，过往延迟较大的多径信号对当前信号的影响力较弱，甚至没有。此时，如若将滤波器建模至超出多径信号影响的范围，会造成消除性能的降低。

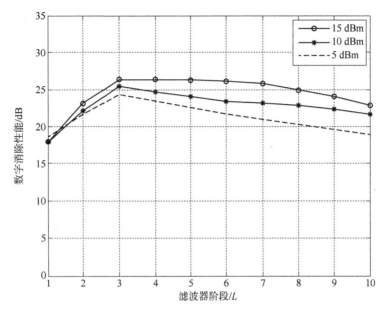

图 3.29 不同发送功率下的线性滤波器阶数与数字消除性能对比

3.5 本章小结

本章介绍了全双工通信系统中自干扰信号的处理方法，主要为被动消除方法和数字消除方法。其中，在被动消除方法中，提出了一种基于多径反射的被动消除方法，一条额外的反射路径可作为自干扰信号的复制信号，以在接收端进行空域抵消。具体推导了反射板与收发天线的位置关系及接收天线的功率分布公式，并进行了相关的实验验证。在数字消除方法中，基于所建模型，推导出自干扰信号通信链路模型符合基本的 Hammerstein 非线性系统，而后提出了基于牛顿法的非线性数字消除方法。该方法在高发送功率时有着良好的表现，并且不会随着发送功率的增加而降低消除效果。最后，提出了一种基于自干扰信道状态信息的联合被动消除和数字消除机制，定性地分析了多径时延对数字消除中滤波器阶数的影响，并给出了初步的实验结果。实验结果表明，联合机制的引入，可以平衡数字消除的计算量和消除性能。

第 4 章
低复杂度无线全双工通信系统原型

4.1 引　　言

无线全双工通信系统的设计与实现自 2009 年微软[4]开始，逐渐得到了研究者的重视。各国学者针对该项技术做了相应的原型方案，以验证全双工通信的可行性。主要的思想为采用可编程的软件无线电平台（Software Defined Radio, SDR）配合天线模块，以及设计的自干扰消除模块实现。

如第 3 章所述，自干扰信号能否完全消除是全双工通信系统能否实现的关键。由于无线信号的衰减随着信号传播距离的增加而增大，故被动消除方法大多依赖一定的物理距离，以获得较大的信号衰减。这使全双工通信系统很难集成在如手机等较小的设备当中。现阶段的研究主要将其应用在平板电脑、笔记本电脑、无线路由器等设备上。

下面简述主要的多天线的无线全双工系统级的实现方案，并分析它们存在的问题。

➢ Melissa 方案（表 4.1）[9]

表 4.1　Melissa 的全双工通信系统级实现方案

实验平台	WARP V2
信号带宽	20 MHz OFDM
发送功率	−7~8 dBm
被动消除方法	不同的天线摆放方法，依靠笔记本等物体造成一定程度的物理隔离；不同摆放方式造成的极化隔离
主动消除方法	依靠第二条射频链路，创建一个自干扰信号的复制信号，使其具有自干扰信号的畸变特性，在接收端 ADC 之前进行叠加消除

续表

数字消除方法	频域加权平均
存在的问题	1. 需要两根发送天线、一根接收天线,并对物理空间有一定的要求; 2. 额外的发送链路的引入带来了额外的开销和系统复杂度,并加大了系统的非线性因素; 3. 发送功率过低,达不到 WiFi 的要求

➢ Everett 方案(表 4.2)[11]

表 4.2 Everett 的全双工通信系统级实现方案

实验平台	WARP V2
信号带宽	20 MHz OFDM
发送功率	0~15 dBm
被动消除方法	两根发送天线,采用如下三种方式进行被动消除: 1. 定向天线;2. 吸波材料;3. 交叉极化
主动消除方法	依靠第二条射频链路,创建一个自干扰信号的复制信号,使其具有自干扰信号的畸变特性,在接收端 ADC 之前进行叠加消除
数字消除方法	频域加权平均
存在的问题	1. 被动消除引入了定向天线,只能针对特定的方向进行全双工通信; 2. 被动消除引入了吸波材料,并需要较大的尺寸以阻隔自干扰信号,增加了复杂度和成本; 3. 交叉极化在室内效果会变弱,因为信号的极化特性会随着发射和折射而发生改变; 4. 主动消除方案缺点与 Melissa 方案的相同

➢ Choi 方案(表 4.3)[15]

表 4.3 Choi 的全双工通信系统级实现方案

实验平台	USRP V1
信号带宽	5 MHz
发送功率	0 dBm

续表

被动消除方法	三根发送天线、一根接收天线、两根发送天线，调整收发天线的位置，使其在接收天线处反相叠加
主动消除方法	QHx220 芯片，通过调整模拟域的自干扰信号，复制信号的时延和幅度，使其最大限度地吻合接收天线接收到的自干扰信号
数字消除方法	未使用数字消除算法（硬件设备无法实现）
存在的问题	1. 需要三根发送天线，增加了设备复杂度及成本，并且在远端会形成信号零点； 2. 发送功率较低，适用于 802.15.4 协议，不能应用在 802.11 下； 3. 硬件设备制约，无法实现基带数字信号处理

通过以上对多天线全双工通信系统的介绍可以看出：

（1）被动消除或者引入三根天线，或者利用定向天线、吸波材料等，实施方式过于复杂，不够简单，且成本提升。

（2）主动消除都引入了额外的硬件，如多余的射频链路或 QHX220 芯片。这些额外的射频链路会在大发送功率的情况下引入较为明显的非线性噪声，造成系统表现下降。同时，根据文献[9]所述，主动消除方法的引入会造成数字消除性能的下降，形成"跷跷板"效应。故其存在的必要性值得商榷。

（3）以上系统级的实现考虑的数字消除算法较为简单，且多为线性消除，未考虑非线性因素。

综上所述，考虑到上述已有的研究成果，本章提出了一种低复杂度的全双工无线通信系统。本系统摒弃了主动消除模块，只依靠联合被动消除和数字消除机制，实现了无线全双工通信系统。其中，4.2 节简要介绍该无线通信系统所使用的平台及实验环境的搭建，4.3 节给出具体的系统设计方案，包括帧格式方案、同步方案、载波偏移消除方案等，4.4 节给出基于该全双工通信系统的实验结果，包括其系统吞吐速率和相同环境下与半双工通信系统比较的实验结果。

4.2 实验平台简要介绍

4.2.1 WARP V3 介绍

本书采用 WARP V3[159]作为实验平台。其为美国 Mango 公司研发的第三代无线开放可编程研究平台,该平台可作为无线通信领域科研与应用的通用平台,可以快速地实现原型方案。从上一节中可以看到,多项全双工通信系统的研究都采用此平台作为二次开发的基础。本小节进行简要介绍。

图 4.1 给出了 WARP V3 的硬件原理图。从原理图来看,WARP V3 可分为基带信号处理模块、射频模块、时钟模块及输入/输出模块四大模块。其中,基带信号处理模块的核心部件为 Virtex-6 FPGA LX240T,其可通过输入/输出模块中的 JTAG 接口、SD 卡等方式进行配置,其主要完成信号在基带及中频段数字信号处理。射频模块包括天线 SMA 接口、功放、MAX2829 收发器及 12 bit 的模数/数模转换单元。当其用作发送链路时,还会接入功放模块。收发链路共用同一个时钟模块,以尽量降低相位噪声。

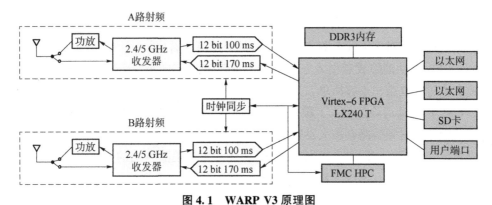

图 4.1　WARP V3 原理图

如图 4.2 所示,从硬件构成来讲,有如下组件:

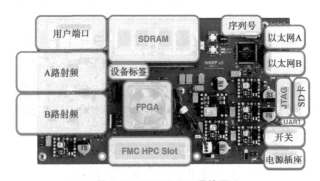

图 4.2　WARP V3 硬件图

- 用户端口:一组用于与电路板交互的按钮、LED、十六进制显示器、显示开关和调试头引脚的集合。此设计可以从开关和按钮读取值,并可以将值写入显示器和 LED。调试单元可以用于任何目的。

- A、B 路射频：接口提供的无线电允许设计在 2.4 GHz 和 5 GHz 频段进行通信。对于每个无线电接口，来自 FPGA 的数字 I 和 Q 值通过数模转换器获取，并传送到收发器进行上变频（即无线传输）。其中，通过模数转换从收发器获取 I 和 Q 模拟流，然后将其传送到 FPGA。在电路板上和参考设计中，接口标有"RF A"和"RF B"。
- SDRAM：该 DDR3 SO-DIMM 提供了 FPGA 内部块 RAM 之外的额外内存。WARP V3 套件附带经过预测试的 2 GB SO-DIMM。
- 设备标签：此标签显示 WARP V3 板上的 FPGA 设备。在开发过程中，该标签被用于许多地方，例如，从 Xilinx System Generator 导出外围核心。
- Virtex-6 FPGA：在风扇下，WARP 的中央处理系统。
- FMC HPC Slot：FPGA 夹层卡高引脚数插槽，提供了与现有硬件生态系统以及未来特定于 WARP 的模块的连接。
- 序列号：WARP 的唯一序列号。在装运前，该数字还被编程到电路板上的 EEPROM 中，允许硬件上运行的软件读取该信息。
- 以太网 A/B：两个 10M/100M/1 000M 以太网端口，在主板和有线网络之间提供高速连接。在 WARP V3 板和我们的参考设计中，端口标记为"ETH A"和"ETH B"。
- JTAG：JTAG 连接器，允许使用 Digilent 或 Xilinx JTAG 电缆直接编程 Virtex-6 FPGA。
- SD 卡：SD 卡。其允许非易失性存储程序，这些程序将在插入 SD 卡时自动下载和执行。
- UART：板上的 micro USB 接口。允许板上的程序将消息打印到计算机上运行的终端。
- 开关：电源开关控制电路板的电源。"断开"位置是开关距离电源插座最远的位置。"闭合"位置是开关最靠近电源插座的位置。
- 电源插座：电源插座是 WARP 硬件附带的 12 V 电源应插入的地方。无论何时插入或拔下电源插头，电源开关都应处于"关闭"位置。

4.2.2 WARPLab 介绍

WARPLab[160]为应用在 WARP 硬件平台上的一个开源可定制框架，如图 4.3 所示。该框架通过 PC 控制 WARP，信号的基带处理在 PC 中进行，而后通过以太网传送到 FPGA 中，利用 WARP 进行实时传输。当节点接收到信号后，射频信号在 WARP 中变频到基带信号后，通过以太网传回 PC 进行接收信号的解调、信道估计等。在实验中，需要配置一个交换机，将实验需要用到的多个节点连接至交换机，而后交换机连接至 PC。实验的触发机制由 PC 发送 trigger 信号控制。在该框架下，每次至多可以传输 2^{14} 个采样序列。时钟频率为 40 MHz。

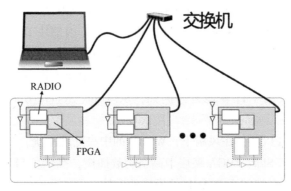

图 4.3　WARPLab 框架下的硬件配置

- 采样缓冲区大小

WARP V3 的 WARPLab 7.5（及更高版本的 WARPLab）支持 2 GB DDR3 DRAM 中存储样本，见表 4.4。因此，WARPLab 7.5 可以使用比以前版本更长的波形，而以前的版本仅限于 FPGA 的片上 BRAM（表 4.5）。

表 4.4　WARP V3 最大缓冲区

WARPLab 版本	发送样本	发送时间	接收样本	接收时间
7.5（2RF）	112M	2.93 s	128M	3.35 s
7.5（4RF）	56M	1.46 s	64M	1.67 s
7.4	32K	819.2 μs	32K	819.2 μs

表 4.5　WARP V2 最大缓冲区

WARPLab 版本	发送样本	发送时间/μs	接收样本	接收时间/μs
7.5	16K	409.6	16K	409.6
7.4	16K	409.6	16K	409.6

注：

1. 上述波形持续时间假设在 ADC 和 DAC 处进行 40 MHz 采样，这是 WARPLab 7.5 参考设计硬件中的默认值。

2. K 和 M 分别代表 2^{10} 和 2^{20}。

由于硬件设计能够提供额外的缓冲空间，可用缓冲区大小的主要限制将转移到用户的 PC 上。每个样本在 MATLAB 中表示为一个复杂的双精度浮点数，占用内存中的 16 字节。根据主机上的 RAM 数量和当前正在运行的其他程序，用户应限制正在处理的样本数量，以保持在总可用内存范围内。如果 MATLAB 的内存利用率增长过快，那么当操作系统将内存交换到磁盘时，MATLAB 应用程序就会停止，自动进行增益控制。

- WARPLab 扩展

WARPLab 包括根据输入波形的功率和结构自动调整接收器增益的选项。此外，AGC 可选地提供内置机制，用于在将波形呈现给主机 MATLAB 环境之前减去接收波形中的直流偏移（DCO）项。AGC 和 DCO 都对接收到的波形进行了某些假设。用户需根据其具体使用情况，就 AGC 和/或 DCO 校正子系统的使用是否合适做出决策。

WARP V3 中的 MAX2829 收发器具有两级 Rx 增益：低噪声放大器（LNA），可提供高达 30 dB 的放大；基带增益，可提供高至 63 dB 的额外放大。这些增益加在一起可以为接收信号提供高达 93 dB 的增益。WARPLab 提供的 AGC 核心在以下三个连续阶段中选择这两个增益：

（1）当触发时，AGC 首先基于收发器提供的 RSSI 信号选择 LNA 增益。它通过将数字 RSSI 测量值转换为以 dBm 为单位的接收功率估计值来实现。根据该值，AGC 从三种可能的 LNA 增益设置中选择一种，以最小化 EVM。这个 MAX2829 数据表提供了显示每个低噪声放大器增益设置的 EVM 随接收功率变化的图表。

（2）改变 LNA 增益的行为影响 RSSI 测量。在 RSSI 有机会从先前的 LNA 增益调整中稳定下来后，该值被重新读取，并用于对基带增益级进行初始、粗略的更新。

（3）基于 RSSI 调整 LNA 增益和基带增益后，AGC 根据波形的 I 和 Q 值本身对基带增益进行最终细化。在此阶段之前，波形无法用于精确的功率测量，因为它可能会使 ADC 饱和。使用波形的 I 和 Q 值来优化基带增益引入了一个重要的波形相关性——在 AGC 检查 I/Q 波形的窗口期间，信号的幅度必须在 16 个 40 MHz 采样中具有周期性。

4.3 系统设计方案

4.3.1 系统总述

本小节简要介绍低复杂全双工通信系统。在该系统中，采用 WARP V3 作为实验平台,利用 WARPLab 框架进行快速迭代开发。实验原理框图如图 4.4 所示。

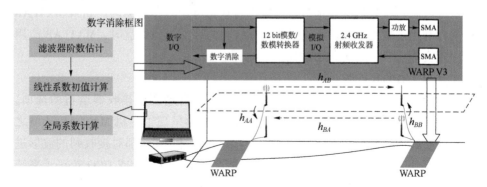

图 4.4 低复杂度全双工通信系统实验框图

考虑到低复杂度的要求,故本实验系统采用了一种新的被动消除的方法,即反对称上下摆放被动消除方法[161]。从 2.3 节中可以得出,全向半波偶极子天线的信号在其垂直方向会有较大的衰减,若将接收天线和发送天线垂直摆放,即可有效地防止接收到自干扰信号。而对于远端节点,为了保证有用信号尽可能地被接收,需要在上下摆放的同时,将发送天线和接收天线反对称摆放。该方法在实验中被证明是非常有效的,并且简单易行。本实验系统采用的数字消除方法为 3.3 节中所述的基于牛顿法的非线性数字消除方法,这里不再进行赘述。本实验系统未采用主动消除方法,这极大地降低了实验成本和设备复杂度。

4.3.2 同步方案

在早期的全双工系统理论分析中,均假定时间和频率上已获得准确同步。但在实际应用中,由于电路器件模块以及传播环境等非理想因素影响,时间和频率上完美同步是无法实现的,因此,必将制约全双工干扰抑制性能。

在本书中,本系统采用巴克码作为基带数字信号的帧同步序列。其特点是自相关函数非常尖锐,与随机产生的负载信号不易混淆,易于识别,出现伪同步的可能性非常小。巴克码中的序列值为+1 或-1。其自相关函数可写为

$$c_v = \sum_{j=1}^{N-v} a_j a_{j+v} \quad (4.1)$$

目前已知的巴克码见表 4.6。

表 4.6　已知的巴克序列表

序列长度	码序列	
2	+1-1	+1+1
3	+1+1-1	
4	+1+1-1+1	+1+1+1-1
5	+1+1+1-1+1	
7	+1+1+1-1-1+1-1	
11	+1+1+1-1-1-1+1-1-1+1-1	
13	+1+1+1+1+1-1-1+1+1-1+1-1+1	

具体到本系统中，采用长度为 5 的巴克序列 u_{barker} 作为帧同步序列。具体采用的算法如下：

输入：最大帧延迟 N_{delay}，巴克序列 u_{barker}，接收巴克序列 r_{barker}；

输出：帧起始位置 $\text{index}_{\text{start}}$；

算法：1. 将 u_{barker} 序列逆序排列，并循环右移一位，获得 u''_{barker}；

　　　2. 以 u_{barker} 为首列，u''_{barker} 为首行，构造 toplize 参考矩阵 U；

　　　3. 计算 $r_{\text{barker}} * U$ 并寻找结果向量中值最大的位置，即为帧起始位置。

4.3.3　帧格式

从图 4.4 中可以看出，全双工通信中有 4 个信道需要估计，即 A 节点的自干扰信道 h_{AA}、B 节点的自干扰信道 h_{BB}、A 节点至 B 节点间的有用信道 h_{AB}、B 节点至 A 节点的有用信道 h_{BA}，故需要 4 个导频序列。图 4.5 给出了本系统采用的帧格式。

图 4.5　低复杂度全双工通信系统帧格式示意图

帧 B 相对于帧 A 有 T_{delay} 的延迟。帧格式中各个序列的作用见表 4.7。

表 4.7 帧格式中巴克序列和导频序列作用

序列	A 节点	B 节点
巴克序列 1	混合帧的帧同步	—
导频序列 1	信道 h_{AA} 估计，数字消除	—
巴克序列 2	帧 B 的帧同步	—
导频序列 2	信道 h_{BA} 估计，相位噪声消除	—
巴克序列 3	—	混合帧的帧同步
导频序列 3	—	信道 h_{AB} 估计，相位噪声消除
巴克序列 4	—	帧 A 的帧同步
导频序列 4	—	信道 h_{BB} 估计，数字消除

应当指出的是，在正式发送帧 A 和帧 B 之前，还需要对自干扰信道的状态信息进行测量及对接收端的自动增益控制器（Automatic Gain Control，AGC）进行训练，以保证混合序列幅度可以占满 ADC，充分利用量化位数。

4.3.4 载波偏移消除方案

在全双工通信系统中，由于两节点振荡器不同步，会产生载波频率偏移。事实上，对于自干扰信号，即使在同一节点，发送链路和接收链路的时钟是共享的，也会有一定的载波频率偏移。载波频率偏移会直接影响基带数字信号的解调，使星座图中的每个符号出现一定角度的旋转。

图 4.6 给出了载波偏移对接收信号影响的示意图。在理想状态下，恢复的信号应为 $X(t)$，但在实际中，由于振荡器不同步，得到的基带信号为 $X(t)\mathrm{e}^{\Delta f_c t + \Delta \phi}$。基于上述情况，本书采用下述算法进行载波偏移消除，以 A 节点为例。

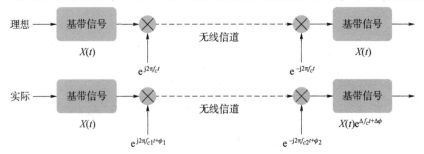

图 4.6 载波偏移对接收信号的影响

输入：导频序列长度 N_{pil}，A 节点接收序列 $\boldsymbol{R}_A$，B 节点发送序列 $\boldsymbol{T}_B$；
输出：载波偏移恢复后的 A 节点接收序列 $\boldsymbol{R}_A^{\text{CFO}}$；
算法：1. 计算 $\dfrac{\boldsymbol{R}_A}{\boldsymbol{T}_B}$ 中每个采样点的相位值 $\phi = \arctan\left(\dfrac{\dfrac{\text{Im}(\boldsymbol{R}_A)}{\text{Re}(\boldsymbol{R}_A)}}{\dfrac{\text{Im}(\boldsymbol{T}_B)}{\text{Re}(\boldsymbol{T}_B)}}\right)$； 2. 计算 ϕ 中相邻元素的差值，得到 $\Delta\phi$，即 $\Delta\phi_i = \phi_{i+1} - \phi_i$； 3. 对 $\Delta\phi$ 求平均，得 $\overline{\Delta\phi} = \arctan\left(\dfrac{\text{Im}\left(\sum_{i=1}^{N_{\text{pil}}} e^{j\Delta\phi}\right)}{\text{Re}\left(\sum_{i=1}^{N_{\text{pil}}} e^{j\Delta\phi}\right)}\right)$； 4. 进行载波偏移恢复，得 $\boldsymbol{R}_A^{\text{CFO}}(i) = \boldsymbol{R}_A(i) * e^{-j*i*\overline{\Delta\phi_i}}$。

在进行载波偏移恢复后，再进行信道估计，之后进行解调译码等。

4.4 实验结果

为了更加贴合实际的室内环境，同时尽量减少杂乱物品的干扰，本实验在一间空置的房间内进行。铁质支架放置在距地面 70 cm 的桌子上，以保证收发天线的垂直摆放，如图 4.7 所示。实验中，考虑了视距信道和非视距信道两种情况。

图 4.7 低复杂度全双工系统实验场景

本书的实验考虑了 5~10 m 不同距离的情况，且考虑了低发送功率到高发送功率的情况。每个数据帧包含了 14 136 个采样数据点，其中，帧首包含了 1 024 个导频序列，帧尾包含了 1 024 个导频序列。

4.4.1 被动消除性能实验结果

首先给出本系统中所采用的被动消除方法的实验结果。在该实验中，为了验证该方法对不同带宽信号的有效性，采用了两种带宽的信号进行验证，分别为 5 MHz 的 QPSK 信号和 20 MHz 的 OFDM 信号，发送功率为 15 dBm。

如图 3.24 所示，d 为两根天线垂直摆放时，下方天线的顶部和上方天线的底部的直线距离。从图 4.8 中可以看出，当 $0<d<5$ cm 时，为信号泄露区，对照图 2.7 可以看出，半波偶极子天线的功率方向图并不是非常"扁平"，其 3 dB 带宽为 78°，导致其在垂直方向还是有信号泄露，这导致了被动消除性能降低。对于 $d>5$ cm 的区域的消除结果，可以归结为两个原因：天线摆放及多径效应。以 5 MHz 的 QPSK 信号为例，虚线 A（−14.9 dBm）为未经过任何被动消除方法的接收信号功率，虚线 B（−36.1 dBm）为 $d>5$ cm 时，该方法下的平均接收信号功率，虚线 C（−44.12 dBm）为 15 cm$<d<20$ cm，即处在深衰落区域时，该方法下的平均接收信号功率。即虚线 A 和虚线 B 为天线摆放带来的被动消除系能，可以达到 21 dB；虚线 C 和虚线 B 为多径效应带来的被动消除性能，可以达到 8 dB。

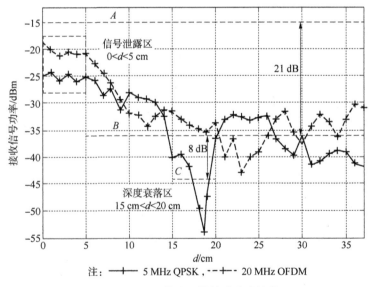

图 4.8 不同带宽下的被动消除性能

对于多径效应造成的额外增益，可以看作具有随机相位和幅度的不同多径信号在接收端叠加造成的信号波动。假设 a_i 为第 i 条多径的幅度，$\theta_i(t,\tau)$ 为第 i 条多径在 t 时刻的相位。当收发天线存在视距信道时，主径功率远胜于其他多径信号的功率，此时多径效应并不明显。当采用了本章中提出的被动消除方法后，主径信号被极大地抑制，这导致了显著的多径效应。当接收天线在小范围内移动时，a_i 的变化并不明显。但其相位 $\theta_i(t,\tau)$ 会发生显著的变化，这导致了信号功率在小范围内会显著地波动。这也解释了为什么会存在一个深衰落区域。

对于 5 MHz，在 15 cm<d<20 cm 时，被动消除性能可以达到 15−(−44.12)= 59.12(dB)。对于 20 MHz 的 OFDM 信号，在其深衰落区域，即 20 cm<d<25 cm 区域内，被动消除性能可以达到 15−(−38.8)= 53.8(dB)。从结果可以看出，OFDM 信号的被动消除性能要弱于单载波信号。原因是 OFDM 的多载波特性可以更好地抵抗多径效应。

文献[13]中提出了一种利用交叉极化（Cross-polarization）的方式进行被动消除。为了比较本章中提出的方法和交叉极化被动消除方法，在同一场景下进行了实验对比，结果见表 4.8。

表 4.8 与交叉极化被动消除性能对比

被动消除方法	被动消除性能/dB
交叉极化（5 MHz QPSK）	40.7
交叉极化（20 MHz OFDM）	38.9
反对称垂直摆放（5 MHz QPSK）	59.12
反对称垂直摆放（20 MHz OFDM）	53.8

从表 4.8 中可以看到，对不同带宽的信号，本章中提出的方法性能皆优于交叉极化方法。同时，文献[13]中提出了一个结论，即环境中的反射会抑制自干扰消除性能。为验证和对比，在低反射和高反射的环境下进行了对比实验，图 4.9 给出了对比结果。从图中可以看出，交叉极化在高反射的环境下会损失 6.75 dB 性能，本章中提出的方法会损失 3.58 dB 性能。原因在于，信号的极性会随着反射而改变，多反射的环境下，依赖极性创造的隔离度会显著下降，进而导致被动消除性能下降。

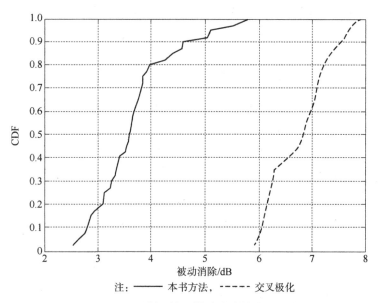

图 4.9　不同反射环境下被动消除性能下降对比

4.4.2　总消除性能实验结果

为了验证本章提出的低复杂度无线全双工系统的总自干扰信号消除性能，选取了已公开发表的本书中陈述的方法进行对比。应当指出的是，被动消除性能已经包括了信号的自然衰减，信号的带宽为 5 MHz。为了保证对比结果的有效性，我们不直接引用文献中的被动消除和数字消除的实验结果，而在相同的环境下，按照其方法进行重复实验。对于主动消除，我们直接引用其结果，因为其性能受环境的影响不大。

表 4.9 给出了对比的实验结果。对于被动消除，其中，文献[6]中仅简单地测量了信号在发送天线和接收天线之间的自然衰减，其仅可以达到 29.9 dB。文献[15]中采用 Antenna Cancellation 方法作为被动消除方法，实验结果显示，其可额外带来 30 dB 的消除性能，同时，信号自然衰减 10 dB 左右，这是因为接收天线处于最佳位置时，与其中一根发送天线位置过近。文献[8]中的 Configuration B 是三种排布中最好的一种，实验结果显示，其可以达到 38 dB 的信号衰减，同时，因为笔记本电脑大小的设备的存在，会带来 9 dB 的性能。文献[7,11,13]中采用的定向天线、交叉极化及吸波材料在本实验中分别可以达到 45.5 dB、8 dB、5 dB 的消除性能。对于数字消除，其中，文献[15]中采用了文献[162]中的数字消除方法，可以达到 10 dB 左右的消除效果。其余的文献中采用的频域消除的方法，在实验中可以达到 10~20 dB 的消除效果。

表 4.9 总消除性能对比　　　　　　　　　　　　　　　　　　dB

方法	消除性能			
	被动消除	数字消除	总消除性能（不包含主动消除）	总消除性能（包含主动消除）
文献[6]	29.9	11.92	41.82	54.9
文献[15]	30+10	10	50	70
文献[8,9]	38+9	15.26	62.26	72
文献[7,11,13]	58.5	21.85	80.25	83.5
本书方法	59.12	30	89.12	89.12

表格中引用的文献都引入了主动消除手段，以保证将信号抑制到噪声水平。文献[15]中采用了 QHx220 芯片，可以消除 20 dB。除此之外，表格中其他的方法，都采用了相同的主动消除的方法，即采用了额外的射频链路产生一个自干扰信号的复制信号，以在模拟域进行消除。但是，根据文献[9]中阐述的结论，模拟域的主动消除手段会使数字消除性能变差，数字消除仅能带来 7 dB 的额外增益。

4.4.3 系统速率实验结果

为了检验本书提出的低复杂度全双工通信系统的系统级表现，我们在相同的实验环境下，将其与半双工通信系统做了对比。本小节考虑两种情况下全双工与半双工通信系统的系统吞吐速率对比。

（1）通信距离限定，发送功率改变。

（2）发送功率限定，通信距离改变。

本书采用文献[9]中的系统总速率 SumRate 为评价指标。首先，Ergodic Rate 是衡量通信系统在衰落信道下物理层容量的基本指标，同时，也是其在任意介质访问控制层（Media Access Control，MAC）协议下系统吞吐速率的上限。对于第 i 个节点，其 Ergodic Rate 可表示为

$$ER_i = E[\log_2(1+SINR_i)] \tag{4.2}$$

式中，$E[\cdot]$ 为针对第 i 个节点中所有的数据帧求平均。对于全双工通信系统，SumRate 定义如下

$$SR = ER_1 + ER_2 \tag{4.3}$$

为使比较结果更有意义，应当考虑在相同发送总能量下的系统总速率表现。即全双工通信系统发送总能量应与半双工通信系统发送总能量相同，即

$$\sum_i P_i^{\text{FD}} t_i^{\text{FD}} = \sum_i P_i^{\text{HD}} t_i^{\text{HD}} \qquad (4.4)$$

式中，P_i^{FD} 为工作在全双工模式下的第 i 个节点的发送功率；t_i^{FD} 为工作在全双工模式下的第 i 个节点的传输时间；P_i^{HD} 为工作在半双工模式下的第 i 个节点的发送功率；t_i^{HD} 为工作在半双工模式下的第 i 个节点的传输时间。对于一个对称的情景，在相同时间下，$t_i^{\text{FD}} = 2t_i^{\text{HD}}$。故在设定发送功率时，应考虑 $2P_i^{\text{FD}} = P_i^{\text{HD}}$，即 $P_i^{\text{HD}} = P_i^{\text{FD}} + 3$ dB。

图 4.10 和图 4.11 给出了两节点距离 10 m，在视距信道下的实验结果。其中，图 4.10 为实测的实验结果，为 2～8 dBm，全双工通信系统的系统吞吐速率皆优于半双工通信系统，在 2 dBm 时，系统表现提升了 41.2%；在 4 dBm 时，系统表现提升了 34.7%；在 6 dBm 时，系统表现提升了 21.69%；在 8 dBm 时，系统表现提升了 18.32%。随着发送功率的提升，全双工通信系统与半双工通信系统的吞吐速率皆有所增长，但全双工通信系统的吞吐速率的增长率并没有半双工通信系统的吞吐速率的增长率高。这是因为随着发送功率的提高，半双工通信系统的 SINR 会与发送功率成正比例地增长，但对于全双工通信系统，虽然远端有用信号的功率在增加，但是自干扰消除后的自干扰信号功率也会随着发送功率的提升而提升，故其系统表现会逐渐变差。为了验证其在高功率下的系统表现，我们对已有的数据进行线性拟合，可得图 4.11。可以看出，在发送功率为 17 dBm 左右时，半双工通信系统的系统表现会超过全双工通信系统。

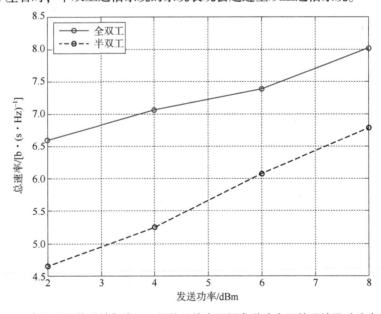

图 4.10　全双工通信系统与半双工通信系统在不同发送功率下的系统吞吐速率对比

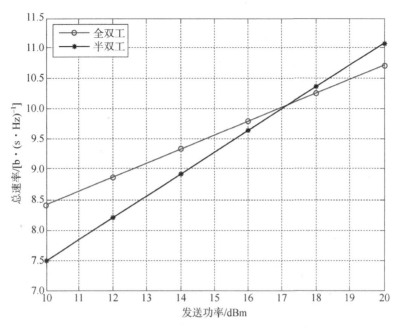

图 4.11　在高发送功率下的全双工通信系统与半双工通信系统吞吐速率预测结果

接下来讨论第二种情况。由于实验条件的限制，我们基于已有的实验结果结合经验公式做了相应的仿真。根据文献[99]中所述，无线信号室内衰减可遵循下式

$$40+10n\lg d \tag{4.5}$$

式中，d 为信号传播距离；n 为参数。对于视距信道，$n=1.7$；对于非视距信道，$n=5$。

图 4.12 给出了视距信道下的对比结果。从结果可以看出，由于发送功率较低（2 dBm），当距离达到 50 m 时，两种通信机制的总速率都降到很低。但在 50 m 范围内，本系统的总速率皆优于半双工通信系统。图 4.13 给出了非视距信道的实验结果。该实验设定的发送功率为 6 dBm，两节点相距 3 m，两节点之间有一个 24 cm 厚的承重墙。在 3 m 时，全双工通信系统相较于半双工通信系统，可以提高 54.63% 的系统吞吐速率。随着发送距离的增加，$d=8$ m 的两条曲线交汇，之后，半双工通信系统的吞吐速率更优。

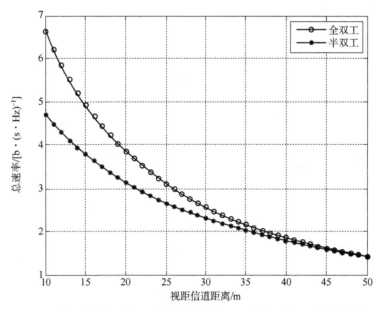

图 4.12 视距信道下全双工通信系统与半双工通信系统吞吐速率对比

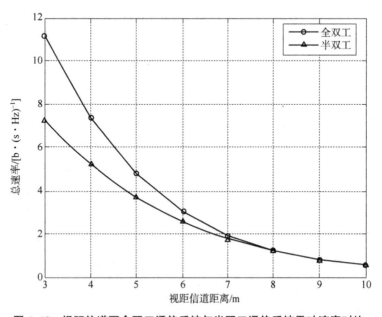

图 4.13 视距信道下全双工通信系统与半双工通信系统吞吐速率对比

4.5 本章小结

本章首先根据现有的文献,提炼出了三种已有的全双工通信系统,并对它们的优缺点进行了相应的总结。根据存在的问题,提出了一种低复杂度的无线全双工通信系统。该系统利用天线上下错位摆放的被动消除方法及基于高斯牛顿法的非线性数字消除方法作为自干扰信号的消除手段,提出了相应的帧格式、同步方案、相位噪声消除方案,并且在无线可编程研究平台 WARP V3 中进行了开发与实现,取得了良好的实验效果。实验结果表明:

(1) 在节点间距离为 10 m 的前提下,发送功率小于 17 dBm 时,该无线全双工通信系统的系统表现皆优于相同环境下的半双工无线通信系统。

(2) 在视距信道下,节点间发送功率为 2 dBm 时,该无线全双工通信系统在 50 m 范围内的系统表现皆优于相同环境下的半双工无线通信系统。

(3) 在非视距信道下,节点间发送功率为 6 dBm 时,该无线全双工通信系统在 8 m 范围内的系统表现皆优于相同环境下的半双工无线通信系统。

第5章
全双工的双向中继信道信息交换机制

5.1 引　言

在无线/移动通信快速发展的今天，智能终端对数据业务的需求相较于数年前，已经有了数倍甚至是数十倍的增长。物联网概念的提出，使接入网络的设备大幅度增长，网络中设备的通信链路的数量也呈现几何级数增长。这使传统的点对点通信方式渐渐不能满足海量数据传输的要求。因此，协同通信技术（Cooperation Communication，CC）应运而生。其基于多个信道同时发送和接收，可以挖掘通信场景中的分集能力，有效地增强了系统的性能。

单向中继信道模型[163]作为最早的协作通信技术得到了广泛的研究。中继通信技术能够为无法直接相互通信的节点搭建可靠的传输链路，在网络中部署中继节点拥有众多的优点，包括拓展小区的覆盖范围、对抗大尺度衰落、提供分集增益、增强小区边缘用户的信号强度与服务质量等。关于中继系统的研究，可以追溯到20世纪70年代，相关研究将中继信道划分为一个广播信道和一个多址信道，从信息论的角度给出该系统的容量界限和可达速率界限。后续有学者提出利用空闲的用户节点作为中继节点辅助其他用户传输数据，从而可以利用空间分集增益提升系统性能。众多的研究成果表明，中继辅助通信在提升网络性能、降低系统复杂度、降低网络部署成本以及便利性等多方面具有优势，在第四代移动通信系统中，中继辅助通信正式被写入3GPP（3rd Generation Partnership Project）LTE（Long Term Evolution）国际标准。文献通过在LTE实验网络中部署中继基站，并且在小区内不同位置测量接收信号强度，验证了中继节点在提升网络覆盖范围，增强小区边缘用户的接收信号强度方面的优势。尤其对于小区边缘室内用户，中继节点在对抗墙壁的穿透损失方面效果显著。在第五代移动通信系统中，中继辅助通信也被写入标准之中。

从中继转发协议的角度来讲，在中继系统中，应用较为广泛的转发协议包括放大转发协议（Amplify-and-Forward，AF）和译码转发协议（Decode-and-Forward，DF）。其中，放大转发协议又称为模拟网络编码（Analog Network Coding，ANC），译码转发协议又称为物理层网络编码（Physical Layer Network Coding，PNC）。放大转发协议下，中继节点只需要将收到的信号放大到一定的功率水平再转发出去即可。译码转发协议下，中继节点收到信号之后，先译码解调出收到的信息，重新编码之后转发。此外，针对不同的场景，研究学者还提出了压缩转发、降噪转发、编码协作、混合转发等协议。

放大转发协议又称为透明转发，即发送的信息对中继节点来说是透明的，中继节点不用译码获取用户转发的具体信息。此外，由于不涉及信号的编解码过程，因此放大转发协议具有复杂度低的优点。由于中继节点将信号放大之后立即转发，因此系统性能并不严格受限于单跳链路。与放大转发协议不同，译码转发协议下中继节点在收到用户节点的信号后，先对信号进行解码，然后采用特定方式将信息编码后转发。不同的编码方式下，系统性能也存在差异，如果译码错误，中继节点则会丢弃接收到的数据包并不再参与其后的数据转发，从而避免差错的传播，因而系统性能受限于系统中的用户节点与中继节点之间的单条链路。在实际系统中，可以在信息比特位后添加冗余比特来实现差错校验，例如奇偶校验、循环冗余校验（Cyclic Redundancy Check，CRC）等。当中继节点译码正确时，则继续对数据进行编码并转发。

在全双工技术与中继系统结合方面，可分为两种类型：第一种为单向全双工中继系统，在该系统中，只有中继节点工作在同时同频全双工模式，而源节点与目的节点均工作在半双工发送或接收模式；第二种类型为双向中继通信系统，在该系统中，中继节点和用户节点均工作在同时同频全双工模式。此外，基于系统中用户节点的数目不同，全双工中继系统也可以分为单用户全双工中继系统和多用户全双工中继系统。在单用户中继系统内，只有一对用户（源节点和目的节点）通过中继节点交互信息；在多用户全双工中继系统内，存在多对以上的用户通过中继节点交互信息。

Cover[164,165]对其在信息论的角度进行了相关研究。近年来，双向中继信道机制（Two Way Relay Channel，TWRC）技术[58,166-170]得到了广泛的关注和研究。如图5.1所示，双向中继信道下的信息交换机制可以大致分为4种。

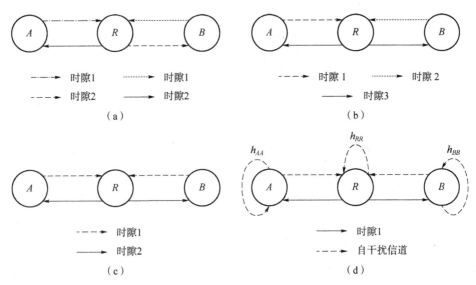

图 5.1 中继信道下的信息交换机制

现假设,终端节点 A、B 需要交换 1 比特信息,且节点 A、B 之间并没有直接的通信链路。图 5.1(a)所示为传统的信息交换机制。时隙 1 时,终端节点 A 发送 1 比特信息至中继节点 R,节点 R 存储该信息;时隙 2 时,将此信息发送至 B 节点;时隙 3 时,节点 B 发送 1 比特信息至中继节点 R,节点 R 存储该信息;时隙 4 时,将此信息发送至节点 A。该机制需要 4 个时隙来完成终端节点的信息交换,对中继节点没有任何计算能力方面的要求。对于图 5.1(b)中所述的编码双向信道机制方法,时隙 1 时,A 节点将 1 比特信息 $x_A(n)$ 发送至中继节点 R 并进行保存;时隙 2 时,B 节点将 1 比特信息 $x_B(n)$ 发送至中继节点 R 并进行保存;时隙 3 时,引入网络编码技术[171-173],计算 $x_R(n) = x_A(n) \oplus x_B(n)$ 并将其广播至 A、B 节点。由于 A、B 节点对自身发送信息已知,故在接收端可以再次应用异或操作,以获得对方终端节点的有用信息。该机制需要 3 个时隙来完成终端节点的信息交换,对 3 个节点要求一定的计算能力。图 5.1(c)中的方案指中继节点同时接收终端节点的双向信息流,并在下一个时隙对它们进行一定的网络编码操作后,再同时广播给两个终端节点。此种方案中应用的网络编码操作不同于图 5.1(b)中的网络编码,具体可分为物理层网络编码[174-178](Physical Layer Network Coding,PNC)和模拟网络编码[179-183](Analog Network Coding,ANC)。对于物理层网络编码,时隙 1 时,其需要中继节点 R 对接收到的信号进行解调,并按照一定的规则进行判决；时隙 2 时，再对信号进行调制并进行发送。此方案的优点是可以通过解调-调制过程抑制信道中的噪声，缺点是需要对两个信号进行严格的同步。对于模拟网络编码，时隙 1 时，中继节点 R 对接收到的混合信号波形进行保存；时隙 2 时，对混合信号进行放大转发。该方案的优点是不需要对两个信号进行严格的同步；缺点是会对信道中存在的噪声进行放大，不利于噪声的抑制。

经过观察可以发现，上述 3 种方案中，终端节点和中继节点皆工作在半双工模式。即，其不能同时发送和接收信号。而前几章中阐述的内容已经表明，节点工作在全双工状态下是可能实现的，故讨论全双工状态下的双向中继信道信息交换机制是有意义的，其可极大地提升系统的吞吐速率。

假设数据帧中包含 N 个比特并采用 BPSK 调制方式进行调制，若 3 个节点都工作在全双工状态下，需要 $N+1$ 个时隙完成比特交换。在时隙 $n(n \in [2, N])$ 时，终端节点同时发送信号至中继节点并且接收中继节点广播的包含上一时隙 $n-1$ 内容的信号。在本章中，我们分析了全双工的物理层网络编码采用译码转发机制方案和全双工的模拟网络编码采用放大转发机制方案两种方案的系统可达速率，并且分析了其在对称信道和非对称信道下的系统表现。

5.2 模型建立

如图 5.1（d）所示，h_A 为节点 A 与节点 R 之间的信道，h_B 为节点 B 与节点 R 之间的信道，h_{AA} 为 A 节点发送天线和接收天线间的自干扰信道，h_{BB} 为 B 节点发送天线和接收天线间的自干扰信道，h_{RR} 为 R 节点发送天线和接收天线间的自干扰信道。在本节推导中，我们假设节点间的有用信道可以被准确地估计，节点发送天线和接收天线间的自干扰信道不能被准确估计，原因在于自干扰信号和有用信号间较大的功率差及有限的 ADC 分辨率。

由于采用 BPSK 调制，两节点交换包含的 N 比特信息可以映射成 N 个符号。令：$x_A(n)$ 为时隙 n 时 A 节点发送的信号，$x_B(n)$ 为时隙 n 时 B 节点发送的信号；$x_R(n)$ 为时隙 n 时 R 节点发送的信号，$y_A(n)$ 为时隙 n 时 A 节点接收的信号；$y_B(n)$ 为时隙 n 时 B 节点接收的信号，$y_R(n)$ 为时隙 n 时 R 节点接收到的信号。

定义如下事件：

Ω_A^N：N 时隙内，A 节点正确接收全部比特；$\overline{\Omega}_A^N$：Ω_A^N 互补事件；

Ω_B^N：N 时隙内，B 节点正确接收全部比特；$\overline{\Omega}_B^N$：Ω_B^N 互补事件；

Ω_R^N：N 时隙内，R 节点正确接收全部比特；$\overline{\Omega}_R^N$：Ω_R^N 互补事件；

$P(\Omega)$：该事件发生的概率。

一个包含 N 比特的数据包传输时间为 T_s，则其速率为 $R_s = \dfrac{N}{T_s}$，若系统交换 N 个比特，系统速率即为 $2R_s$。三个节点的发送功率被归一化，即 $E[x_A^2(n)] = E[x_B^2(n)] = E[x_R^2(n)] = 1$，且归一化因子为 β。假设加性高斯白噪声为 Z，并且服从均值为 0，方差为 N_0 的正态分布。

在终端节点 A、B 处，信噪比可表示为

$$\text{SNR}_A = \frac{h_A^2}{N_0}, \text{SNR}_B = \frac{h_B^2}{N_0} \tag{5.1}$$

由于各个节点工作在全双工模式下，故信自干比（Signal-to-Self-Interference Radio，SSIR）定义如下

$$\text{SSIR}_A = \frac{h_A^2}{(h_{AA} - \hat{h}_{AA})^2}, \text{SSIR}_B = \frac{h_B^2}{(h_{BB} - \hat{h}_{BB})^2} \tag{5.2}$$

因此，对于节点，其信干噪比可定义为

$$\gamma_A = \text{SINR}_A = \frac{h_A^2}{(h_{AA} - \hat{h}_{AA})^2 + N_0} = \frac{1}{\dfrac{1}{\text{SSIR}_A} + \dfrac{1}{\text{SNR}_A}} \tag{5.3}$$

$$\gamma_B = \text{SINR}_B = \frac{h_B^2}{(h_{BB} - \hat{h}_{BB})^2 + N_0} = \frac{1}{\dfrac{1}{\text{SSIR}_B} + \dfrac{1}{\text{SNR}_B}} \tag{5.4}$$

由于每个发送节点的发送规律已被归一化，即相等，而发送功率对于全双工通信中自干扰信号消除的影响是较大的，故可以同样假设每个节点的自干扰信号消除能力是相等的，即 $(h_{AA} - \hat{h}_{AA})^2 = (h_{BB} - \hat{h}_{BB})^2 = (h_{RR} - \hat{h}_{RR})^2$。

图 5.2 给出了物理层网络编码时中继节点的误码率同 BPSK 方案误码率的对比。讨论全双工的译码转发机制时，由于采用物理层网络编码方案，在中继节点 R，其误比特率如文献[59]所述，结果如图 5.2 所示。

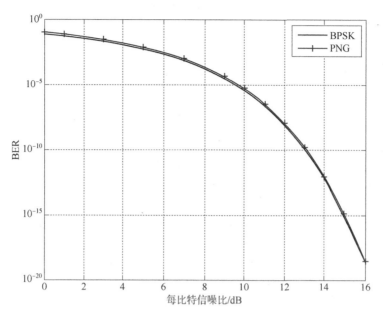

图 5.2 物理层网络编码方案与 BPSK 方案误码率对比

$$Pe_R^{DF}(\gamma) = \text{BER}$$

$$= \frac{1}{2}\int_{-\infty}^{\gamma_1}\frac{1}{\sqrt{\pi N_0}}\exp\left[\frac{-r^2}{N_0}\right]dr + \frac{1}{2}\int_{\gamma_2}^{\infty}\frac{1}{\sqrt{\pi N_0}}\exp\left[\frac{-r^2}{N_0}\right]dr +$$

$$\frac{1}{4}\int_{\gamma_1}^{\gamma_2}\frac{1}{\sqrt{\pi N_0}}\exp\left[\frac{-(r+2)^2}{N_0}\right]dr + \frac{1}{4}\int_{\gamma_1}^{\gamma_2}\frac{1}{\sqrt{\pi N_0}}\exp\left[\frac{-(r-2)^2}{N_0}\right]dr$$

(5.5)

式中

$$\gamma_1 = -1 - \frac{1}{4\gamma}\ln(1+\sqrt{1-e^{-8\gamma}}) \tag{5.6}$$

$$\gamma_2 = 1 + \frac{1}{4\gamma}\ln(1+\sqrt{1-e^{-8\gamma}}) \tag{5.7}$$

对于其他情况,即译码转发机制下的 A、B 节点及放大转发机制,误比特率都为 BPSK 调制方案的无比特率,即 $Pe_A^{DF}(\gamma) = Pe_B^{DF}(\gamma) = Pe^{AF}(\gamma) = Q\sqrt{\gamma}$。

5.3 全双工译码转发方案分析

基于图 5.3,本小节讨论全双工译码转发方案机制(Full Duplex Decode

Forward,FD-DF)下的双向中继信道的系统吞吐速率。在译码转发机制下,$N+1$ 个时隙可以分为两部分:① $n \in [2,N]$,包含 $N-1$ 个时隙;② $n=1$ 和 $n=N+1$,包含 2 个时隙。第一部分,节点间可以交换 $N-1$ 个比特;第二部分,节点间可以交换 1 比特。下面针对这两部分分别进行分析。

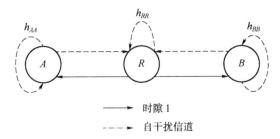

图 5.3 全双工的双向信道信息交换模型

第一部分,中继节点 R 发送上一节点收到的混合信号,即

$$x_R(n) = \beta [x_A(n-1) + x_B(n-1)] \tag{5.8}$$

其中,$\beta = \frac{1}{\sqrt{2}}$。由于工作在全双工模式下,在发送信号的同时,中继节点 R 也在接收信号,即

$$y_R(n) = x_A(n)h_A + x_B(n)h_B + x_R(n)(h_{RR} - \hat{h}_{RR}) + Z \tag{5.9}$$

此时,对于中继节点

$$\mathrm{SINR}_R^{\mathrm{DF}} = \frac{h_A^2 + h_B^2}{(h_{RR} - \hat{h}_{RR})^2 + N_0} = \gamma_A + \gamma_B \tag{5.10}$$

对于终端节点,以 A 节点为例

$$\begin{aligned} y_A(n) &= x_R(n)h_A + x_A(h_{AA} - \hat{h}_{AA}) + Z \\ &= \frac{1}{\sqrt{2}}[x_A(n-1) + x_B(n-1)]h_A + x_A(n)(h_{AA} - \hat{h}_{AA}) + Z \end{aligned} \tag{5.11}$$

对于 A 节点来说,$x_A(n-1)$ 和 $x_B(n-1)$ 为有用信号,故

$$\mathrm{SINR}_A^{\mathrm{DF}} = \frac{\beta(h_A^2 + h_A^2)}{(h_{RR} - \hat{h}_{RR})^2 + N_0} = \gamma_A \tag{5.12}$$

同样地,$\mathrm{SINR}_B^{\mathrm{DF}} = \gamma_B$。

下面讨论系统吞吐速率。总共可以分为 8 种情况:

(1) 当 Ω_A^{N-1}、Ω_B^{N-1}、Ω_R^{N-1} 发生时,在 $N-1$ 个时隙内,可共交换 $N-1$ 个比特,见表 5.1。

表 5.1 Ω_A^{N-1}、Ω_B^{N-1}、Ω_R^{N-1} 时结果

A 节点发送比特 B 节点发送比特	R 节点处理后认为 A、 B 节点发送比特异或后的比特	A 节点处理后认为 B 发送的比特 B 节点处理后认为 A 发送的比特
0, 0	0	0, 0
0, 1	1	1, 0
1, 0	1	0, 1
1, 1	0	1, 1

(2) 当 $\overline{\Omega}_A^{N-1}$、$\overline{\Omega}_B^{N-1}$、$\overline{\Omega}_R^{N-1}$ 发生时，A、B 节点依然可以正确接收到对方发送的比特，即在 N-1 个时隙内，可共交换 N-1 个比特，见表 5.2。

表 5.2 $\overline{\Omega}_A^{N-1}$、$\overline{\Omega}_B^{N-1}$、$\overline{\Omega}_R^{N-1}$ 时结果

A 节点发送比特 B 节点发送比特	R 节点处理后认为 A、 B 节点发送比特异或后的比特	A 节点处理后认为 B 发送的比特 B 节点处理后认为 A 发送的比特
0, 0	1	0, 0
0, 1	0	1, 0
1, 0	0	0, 1
1, 1	1	1, 1

(3) 当 Ω_A^{N-1}、Ω_B^{N-1}、$\overline{\Omega}_R^{N-1}$ 发生时，见表 5.3，在此种情况下，A、B 节点不能正确接收到对方比特。

表 5.3 Ω_A^{N-1}、Ω_B^{N-1}、$\overline{\Omega}_R^{N-1}$ 时结果

A 节点发送比特 B 节点发送比特	R 节点处理后认为 A、 B 节点发送比特异或后的比特	A 节点处理后认为 B 发送的比特 B 节点处理后认为 A 发送的比特
0, 0	1	1, 1
0, 1	0	0, 1
1, 0	0	1, 0
1, 1	1	0, 0

(4) 当 $\overline{\Omega}_A^{N-1}$、$\overline{\Omega}_B^{N-1}$、$\Omega_R^{N-1}$ 发生时，见表 5.4，A、B 节点不能正确接收到对方比特。

表 5.4 $\overline{\Omega}_A^{N-1}$、$\overline{\Omega}_B^{N-1}$、$\Omega_R^{N-1}$ 时结果

A 节点发送比特 B 节点发送比特	R 节点处理后认为 A、 B 节点发送比特异或后的比特	A 节点处理后认为 B 发送的比特 B 节点处理后认为 A 发送的比特
0, 0	0	1, 1
0, 1	1	0, 1
1, 0	1	1, 0
1, 1	0	0, 0

(5) 当 $\overline{\Omega}_A^{N-1}$、$\Omega_B^{N-1}$、$\overline{\Omega}_R^{N-1}$ 发生时，只有 A 节点能够正确接收 B 发送的内容，见表 5.5。

表 5.5 $\overline{\Omega}_A^{N-1}$、$\Omega_B^{N-1}$、$\overline{\Omega}_R^{N-1}$ 时结果

A 节点发送比特 B 节点发送比特	R 节点处理后认为 A、 B 节点发送比特异或后的比特	A 节点处理后认为 B 发送的比特 B 节点处理后认为 A 发送的比特
0, 0	1	0, 1
0, 1	0	1, 1
1, 0	0	0, 0
1, 1	1	1, 0

(6) 当 Ω_A^{N-1}、$\overline{\Omega}_B^{N-1}$、$\overline{\Omega}_R^{N-1}$ 发生时，只有 B 节点能够正确接收 A 发送的内容。见表 5.6。

表 5.6 Ω_A^{N-1}、$\overline{\Omega}_B^{N-1}$、$\overline{\Omega}_R^{N-1}$ 时结果

A 节点发送比特 B 节点发送比特	R 节点处理后认为 A、 B 节点发送比特异或后的比特	A 节点处理后认为 B 发送的比特 B 节点处理后认为 A 发送的比特
0, 0	1	1, 0
0, 1	0	0, 0
1, 0	0	1, 1
1, 1	1	0, 1

(7) 当 $\overline{\Omega}_A^{N-1}$、$\Omega_B^{N-1}$、$\Omega_R^{N-1}$ 发生时，见表 5.7，只有 B 节点能够正确接收 A 发送的内容。

表 5.7 $\overline{\Omega}_A^{N-1}$、$\Omega_B^{N-1}$、$\Omega_R^{N-1}$ 时结果

A 节点发送比特 B 节点发送比特	R 节点处理后认为 A、 B 节点发送比特异或后的比特	A 节点处理后认为 B 发送的比特 B 节点处理后认为 A 发送的比特
0, 0	0	1, 0
0, 1	1	0, 1
1, 0	1	1, 0
1, 1	0	1, 1

(8) 当 Ω_A^{N-1}、$\overline{\Omega}_B^{N-1}$、$\Omega_R^{N-1}$ 发生时，只有 A 节点能够正确接收 B 节点发送的内容，见表 5.8。

表 5.8 Ω_A^{N-1}、$\overline{\Omega}_B^{N-1}$、$\Omega_R^{N-1}$ 时结果

A 节点发送比特 B 节点发送比特	R 节点处理后认为 A、 B 节点发送比特异或后的比特	A 节点处理后认为 B 发送的比特 B 节点处理后认为 A 发送的比特
0, 0	0	0, 1
0, 1	1	1, 1
1, 0	1	0, 0
1, 1	0	0, 1

因此，根据以上推导，在第一部分，系统吞吐速率可写为

$$\begin{aligned}R_{\text{PART1}}^{\text{DF}}=R_s[\ &2P(\Omega_A^{N-1},\Omega_B^{N-1},\Omega_R^{N-1})+2(\overline{\Omega}_A^{N-1},\overline{\Omega}_B^{N-1},\overline{\Omega}_R^{N-1})+\\&P(\overline{\Omega}_A^{N-1},\Omega_B^{N-1},\overline{\Omega}_R^{N-1})+P(\Omega_A^{N-1},\overline{\Omega}_B^{N-1},\overline{\Omega}_R^{N-1})+\\&P(\overline{\Omega}_A^{N-1},\Omega_B^{N-1},\Omega_R^{N-1})+P(\Omega_A^{N-1},\overline{\Omega}_B^{N-1},\Omega_R^{N-1})]\\=R_s[\ &P(\Omega_A^{N-1},\Omega_R^{N-1})+P(\Omega_B^{N-1},\Omega_R^{N-1})+\\&P(\overline{\Omega}_A^{N-1},\overline{\Omega}_R^{N-1})+P(\overline{\Omega}_B^{N-1},\overline{\Omega}_R^{N-1})]\end{aligned} \quad (5.13)$$

在第二部分，系统在 2 个时隙内交换了 1 bit 信息，故

$$R_{\text{PART2}}^{\text{DF}}=\frac{R_s}{2}[P(\Omega_A^1,\Omega_R^1)+P(\Omega_B^1,\Omega_R^1)\\+P(\overline{\Omega}_A^1,\overline{\Omega}_R^1)+P(\overline{\Omega}_B^1,\overline{\Omega}_R^1)] \quad (5.14)$$

其中，

$$P(\Omega_A^N,\Omega_R^N)=[(1-Pe_A^{\text{DF}}(\text{SINR}_A^{\text{DF}}))(1-Pe_R^{\text{DF}}(\text{SINR}_R^{\text{DF}}))]^N \quad (5.15)$$

$$P(\Omega_B^N, \Omega_R^N) = [(1-Pe_B^{DF}(\text{SINR}_B^{DF}))(1-Pe_R^{DF}(\text{SINR}_R^{DF}))]^N \quad (5.16)$$

$$P(\overline{\Omega}_A^N, \overline{\Omega}_R^N) = [Pe_A^{DF}(\text{SINR}_A^{DF}) Pe_R^{DF}(\text{SINR}_R^{DF})]^N \quad (5.17)$$

$$P(\overline{\Omega}_B^N, \overline{\Omega}_R^N) = [Pe_B^{DF}(\text{SINR}_B^{DF}) Pe_R^{DF}(\text{SINR}_R^{DF})]^N \quad (5.18)$$

对于全双工译码转发机制,该系统的吞吐速率可写为

$$R_{\text{FD-DF}} = \frac{(N-1)R_{\text{PART1}}^{\text{DF}} + R_{\text{PART2}}^{\text{DF}}}{N+1} \quad (5.19)$$

5.4 全双工放大转发方案分析

基于图 5.3,本节讨论全双工放大转发机制 (Full Duplex Amplify Forward, FD-AF)。中继节点 R 只对终端节点 A、B 发送的信号波形进行保存,而不对其进行译码,故在本小节只讨论其在终端节点的信噪比及误码率。

首先讨论在全双工放大转发方案信号的传输过程。以 A、R 节点为例,讨论如下:

时隙 $n=1$ 时:

A 节点发送:$x_A(1)$;

R 节点发送:$x_R(1) = 0$;

A 节点接收:$y_A(1) = 0$;

R 节点接收:$y_R(1) = x_A(1)h_A + x_B(1)h_B + Z$;

归一化因子:$\beta_1 = 0$。

时隙 $n=2$ 时:

A 节点发送:$x_A(2)$;

R 节点发送:$x_R(2) = \beta_2 y_R(1)$;

A 节点接收:$y_A(2) = x_R(2)h_A + x_A(2)(h_{AA} - \hat{h}_{AA}) + Z$;

R 节点接收:$y_R(2) = x_A(2)h_A + x_B(2)h_B + x_R(2)(h_{RR} - \hat{h}_{RR}) + Z$;

归一化因子:$\beta_2 = \dfrac{1}{\sqrt{h_A^2 + h_B^2 + N_0}}$。

时隙 $n=3$ 时:

A 节点发送:$x_A(3)$;

R 节点发送:$x_R(3) = \beta_3 y_R(2)$;

A 节点接收:$y_A(3) = x_R(3)h_A + x_A(3)(h_{AA} - \hat{h}_{AA}) + Z$;

R 节点接收:$y_R(3) = x_A(3)h_A + x_B(3)h_B + x_R(3)(h_{RR} - \hat{h}_{RR}) + Z$;

归一化因子：$\beta_3 = \dfrac{1}{\sqrt{h_A^2+h_B^2+(h_{RR}-\hat{h}_{RR})^2+N_0}}$。

…

时隙 $n=N$ 时：

A 节点发送：$x_A(N)$；

R 节点发送：$x_R(N)=\beta_N y_R(N-1)$；

A 节点接收：$y_A(N)=x_R(N)h_A+x_A(N)(h_{AA}-\hat{h}_{AA})+Z$；

R 节点接收：$y_R(N)=x_A(N)h_A+x_B(N)h_B+x_R(N)(h_{RR}-\hat{h}_{RR})+Z$；

归一化因子：$\beta_N = \dfrac{1}{\sqrt{h_A^2+h_B^2+(h_{RR}-\hat{h}_{RR})^2+N_0}}$。

时隙 $n=N+1$ 时：

A 节点发送：$x_A(N+1)=0$；

R 节点发送：$x_R(N+1)=\beta_{N+1} y_R(N)$；

A 节点接收：$y_A(N+1)=x_R(N+1)h_A+x_A(N)(h_{AA}-\hat{h}_{AA})+Z$；

R 节点接收：$y_R(N+1)=0$；

归一化因子：$\beta_N = \dfrac{1}{\sqrt{h_A^2+h_B^2+(h_{RR}-\hat{h}_{RR})^2+N_0}}$。

从上述讨论可以看出，对于全双工放大转发机制的信息交换过程，可以分为三个部分。第一部分：$n \in [3,N]$，该部分中，系统在 $N-2$ 个时隙交换了 $N-2$ 比特；第二部分：$n=1、2$，该部分中，系统在 2 个时隙交换了 1 比特；第三部分：$n=N+1$，该部分中，系统在 1 个时隙交换了 1 比特。下面针对这三个部分分别进行讨论。

第一部分：A 节点收到的信号可以写为

$$\begin{aligned}y_A(n)&=x_R(n)h_A+x_A(n)(h_{AA}-\hat{h}_{AA})+Z\\&=\beta_n h_A[x_A(n-1)h_A+x_B(n-1)h_B+\\&\quad x_R(n-1)(h_{RR}-\hat{h}_{RR})]+x_A(n)(h_{AA}-\hat{h}_{AA})+Z\end{aligned} \quad (5.20)$$

式中，$\beta_n = \dfrac{1}{\sqrt{h_A^2+h_B^2+(h_{RR}-\hat{h}_{RR})^2+N_0}}$。由于其为模拟网络编码，故在模拟域 $x_A(n-1)$ 是已知的，并且可以被移除，故

$$\text{SINR}_A^{(\text{AF,PART1})}$$

$$=\frac{\beta_n^2(h_A^2 h_B^2)}{\beta_n^2 h_A^2(h_{RR}-\hat{h}_{RR})^2+\beta_n^2 h_A^2 N_0+(h_{AA}-\hat{h}_{AA})^2+N_0} \quad (5.21)$$

$$=\frac{\gamma_A \gamma_B}{2\gamma_A+\gamma_B+1}$$

同理，对于 B 节点，有

$$\text{SINR}_B^{(\text{AF,PART1})}$$

$$=\frac{\beta_n^2(h_A^2 h_B^2)}{\beta_n^2 h_B^2(h_{RR}-\hat{h}_{RR})^2+\beta_n^2 h_B^2 N_0+(h_{BB}-\hat{h}_{BB})^2+N_0} \quad (5.22)$$

$$=\frac{\gamma_A \gamma_B}{2\gamma_B+\gamma_A+1}$$

在 $N-2$ 时隙内，系统速率可写为

$$R_{\text{PART1}}^{\text{AF}}=R_s\big[2P(\Omega_A^{N-2,\text{PART1}},\Omega_B^{N-2,\text{PART1}})+$$
$$P(\Omega_A^{N-2,\text{PART1}},\overline{\Omega}_B^{N-2,\text{PART1}})+P(\overline{\Omega}_A^{N-2,\text{PART1}},\Omega_B^{N-2,\text{PART1}})\big] \quad (5.23)$$
$$=R_s\big[P(\Omega_A^{N-2,\text{PART1}})+P(\Omega_B^{N-2,\text{PART1}})\big]$$

式中，

$$P(\Omega_A^{N-2,\text{PART1}})=\big[1-Pe^{\text{AF}}(\text{SINR}_A^{(\text{AF,PART1})})\big]^{N-2} \quad (5.24)$$

$$P(\Omega_B^{N-2,\text{PART1}})=\big[1-Pe^{\text{AF}}(\text{SINR}_B^{(\text{AF,PART1})})\big]^{N-2} \quad (5.25)$$

第二部分：A 节点的接收信号可写为

$$y_A(2)=x_R(2)h_A+x_A(2)(h_{AA}-\hat{h}_{AA})+Z$$
$$=\beta_2 h_A[x_A(1)h_A+x_B(1)h_B+Z]+x_A(2)(h_{AA}-\hat{h}_{AA})+Z \quad (5.26)$$

其中，$\beta_2=\dfrac{1}{\sqrt{h_A^2+h_B^2+N_0}}$。由于其为模拟网络编码，故在模拟域，$x_A(1)$ 是已知的，并且可以被移除，故

$$\text{SINR}_A^{(\text{AF,PART2})}=\frac{\beta_2^2 h_A^2 h_B^2}{\beta_2^2 h_A^2 N_0+(h_{AA}-\hat{h}_{AA})^2+N_0} \quad (5.27)$$

$$=\frac{\gamma_A \text{SNR}_B}{\gamma_A+(1+\text{SNR}_A+\text{SNR}_B)}$$

同样地，对于 B 节点，有

$$\text{SINR}_B^{(\text{AF,PART2})} = \frac{\beta_2^2 h_A^2 h_B^2}{\beta_2^2 h_B^2 N_0 + (h_{BB}-\hat{h}_{BB})^2 + N_0} \qquad (5.28)$$

$$= \frac{\gamma_B \text{SNR}_A}{\gamma_B + (1+\text{SNR}_A+\text{SNR}_B)}$$

在本部分，系统速率可写为

$$R_{\text{PART2}}^{\text{AF}} = \frac{R_s}{2}[P(\Omega_A^{1,\text{PART2}})+P(\Omega_B^{2,\text{PART2}})] \qquad (5.29)$$

式中，

$$P(\Omega_A^{1,\text{PART2}}) = 1 - Pe^{\text{AF}}(\text{SINR}_A^{(\text{AF,PART2})}) \qquad (5.30)$$

$$P(\Omega_B^{1,\text{PART2}}) = 1 - Pe^{\text{AF}}(\text{SINR}_B^{(\text{AF,PART2})}) \qquad (5.31)$$

第三部分：即 $n=N+1$ 时刻，类似前述推导，如下

$$\begin{aligned} y_A(N+1) &= x_R(N+1)h_A + Z \\ &= \beta_{N+1}[x_A(N)h_A + x_B(N)h_B + \\ &\quad x_R(N)(h_{RR}-\hat{h}_{RR})+Z]h_A + Z \end{aligned} \qquad (5.32)$$

式中，$\beta_{N+1} = \dfrac{1}{\sqrt{h_A^2+h_B^2+(h_{RR}-\hat{h}_{RR})^2+N_0}}$。因此，对于 A 节点，有

$$\text{SINR}_A^{(\text{AF,PART3})} = \frac{\beta_{N+1}^2 h_A^2 h_B^2}{\beta_{N+1}^2 h_A^2((h_{RR}-\hat{h}_{RR})^2+N_0)+N_0} \qquad (5.33)$$

$$= \frac{\text{SNR}_A \gamma_B}{\gamma_A+\gamma_B+\text{SNR}_A+1}$$

同理可得，对于 B 节点，有

$$\text{SINR}_B^{(\text{AF,PART3})} = \frac{\beta_{N+1}^2 h_A^2 h_B^2}{\beta_{N+1}^2 h_B^2((h_{RR}-\hat{h}_{RR})^2+N_0)+N_0} \qquad (5.34)$$

$$= \frac{\text{SNR}_B \gamma_A}{\gamma_A+\gamma_B+\text{SNR}_B+1}$$

在本部分，系统通过 1 个时隙交换了 1 个比特，故系统速率可得

$$R_{\text{PART3}}^{\text{AF}} = R_s[P(\Omega_A^{1,\text{PART3}})+P(\Omega_B^{1,\text{PART3}})] \qquad (3.35)$$

其中，

$$P(\Omega_A^{1,\text{PART3}}) = 1 - Pe^{\text{AF}}(\text{SINR}_A^{(\text{AF,PART3})}) \qquad (5.36)$$

$$P(\Omega_B^{1,\text{PART3}}) = 1 - Pe^{\text{AF}}(\text{SINR}_B^{(\text{AF,PART3})}) \qquad (5.37)$$

因此，对于全双工的放大转发机制，系统速率为

$$R_{\text{FD-AF}} = \frac{(N-2)R_{\text{AF}}^{\text{PART1}}+R_{\text{AF}}^{\text{PART2}}+R_{\text{AF}}^{\text{PART3}}}{N+1} \qquad (5.38)$$

5.5 仿真结果

本节给出实验仿真结果及对比结果。本节选取文献[167]中传统的双向中继信道交换机制（Conventional bi-directional relaying，CONV）及放大转发机制（AF）同本书提出的 FD-DF 及 FD-AF 机制进行对比。首先给出对称信道下的仿真结果。

图 5.4 给出了 CONV、AF、FD-DF、FD-AF 四种方案的归一化速率对比。交换比特数为 $N=100$，并且认为自干扰信号可以被消除至与噪声同等水平，即 SIR=SNR。从图中可以看出：①在高信噪比区域，即 SNR>16 dB 时，FD-DF 与 FD-AF 方案的系统吞吐速率皆优于 CONV 方案和 AF 方案。这源于，在高信噪比条件下，全双工机制的引入带来系统吞吐速率的提升。其中，FD-DF 方案在 SNR=16 dB 时，相较于 AF 方式，系统吞吐速率提升 98.5%。FD-AF 达到相同的系统表现需要 SNR=22 dB。②在中信噪比区域，FD-AF 在 9<SNR<20 区域内，系统表现达到与 FD-DF 相同，需要额外 5 dB 左右的增益。这源于，FD-AF 机制在中继节点处不进行解码，而只是简单地保存波形，在下一时隙进行放大转发。放大转发时，上一时隙中的链路噪声一并被放大转发，造成噪声累计。③在低信噪比区域，即 SNR<10 dB 时，FD-DF 与 FD-AF 方案皆劣于 CONV 方案，这源于自干扰信号的存在。

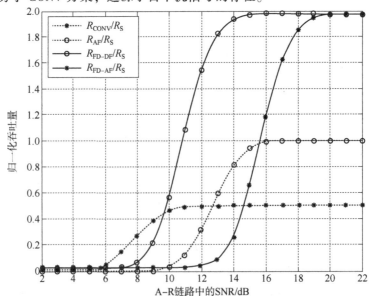

图 5.4　对称信道下 CONV、AF、FD-DF、FD-AF 四种方案的归一化速率对比（以 SNR 为自变量，$N=100$，SIR=SNR）

图 5.4 假设自干扰信号可以被消除至噪声水平,但现有的自干扰信号消除手段存在或多或少的限制,导致其在具体应用的时候无法理想地消除自干扰信号。故图 5.5 给出了消除手段非理想情况下的结果。实验条件设定为 $N=100$,且自干扰信号功率为噪声功率的 2 倍,即 $SIR=SNR-3\ dB$。从图中可以看出,在此种情况下,要达到相同的系统吞吐速率,FD-DF 方案和 FD-AF 方案所需的信噪比要比理想情况下皆多 1 dB 左右。

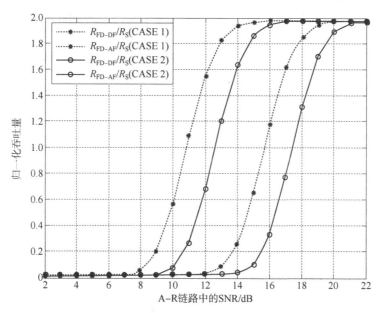

图 5.5 对称信道下 FD-DF、FD-AF 两种方案的归一化速率对比
(以 SNR 为自变量,$N=100$,CASE1:$SIR=SNR$,CASE2:$SIR=SNR-3\ dB$)

以上讨论了系统吞吐速率随着信噪比变化的情况。接下来讨论系统吞吐速率随着交换比特 N 变化的情况。

图 5.6 给出了高信噪比的情况($SIR=SNR=22\ dB$)。从图中得出以下结论:FD-DF 与 FD-AF 曲线在高信噪比时几乎无差异,且皆优于 CONV 和 AF 方案;FD-DF 与 FD-AF 方案在高信噪比时,随着 N 的增加,所带来的系统吞吐速率的增益越强,在 N 足够大时,可以近似达到 AF 方案的两倍。

图 5.7 给出了中信噪比的情况($SIR=SNR=14\ dB$)。从图中得出以下结论:随着信噪比情况恶化,FD-DF 与 FD-AF 曲线开始出现差异。其中,FD-DF 方案会随着 N 增加而增加,在 $N=100$ 时,其可以达到 1.933 的归一化吞吐速率。FD-AF 在 $N=8$ 时可以达到 1.499 的归一化吞吐速率,而后随着 N 的增加而降低,并且在 $N=37$ 时,弱于 AF 方案,在 $N=68$ 时,弱于 CONV 方案。

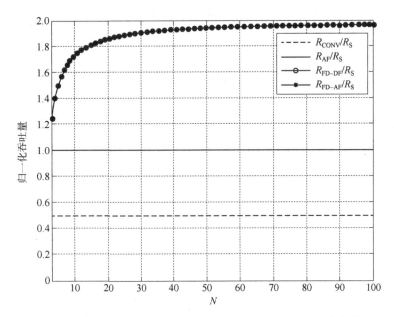

图 5.6 高信噪比下 CONV、AF、FD-DF、FD-AF 四种方案的归一化速率对比（以 N 为自变量，SIR=SNR=22 dB）

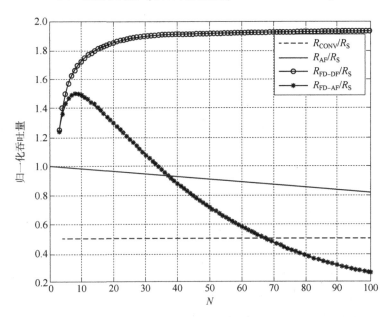

图 5.7 中信噪比下 CONV、AF、FD-DF、FD-AF 四种方案的归一化速率对比（以 N 为自变量，SIR=SNR=14 dB）

图 5.8 给出了低信噪比的情况（SIR=SNR=9 dB）。从图中得出以下结论：

随着信噪比的继续恶化,FD-DF 方案的表现也开始变差。在 $N=8$ 时,该方案可以达到 1.429 的归一化速率,之后随着 N 的增加而变差。在 $N=68$ 时,弱于 CONV 方案。但无论 N 为多大,其皆优于 AF 方案与 FD-AF 方案。对于 FD-AF 方案,其在 $N=4$ 时达到系统最优,可以达到 1.143 的归一化吞吐速率,之后随着 N 的增加而降低,在 $N=14$ 时,弱于 CONV 方案,在 $N=15$ 时,弱于 AF 方案。

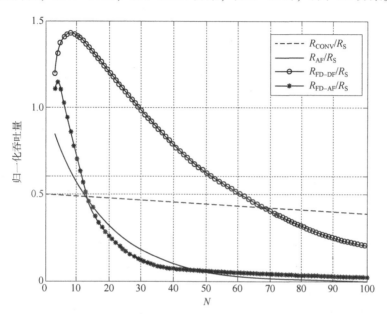

图 5.8　低信噪比下 CONV、AF、FD-DF、FD-AF 四种方案的
归一化速率对比（以 N 为自变量,SIR=SNR=9 dB）

其次给出非对称信道下的仿真结果。非对称信道考虑如下三种情况:①$SNR_B=0.2SNR_A$；②$SNR_B=SNR_A$；③$SNR_B=5SNR_A$。实验条件设定为 $N=100$,自干扰信号可以被消除至噪声水平,即 SIR=SNR。以 A、R 节点间信道的信噪比为自变量。

图 5.9 给出了在非对称信道下 FD-DF 方案的归一化速率对比。从图中可以看出,在信道不对称时,FD-DF 系统归一化吞吐速率曲线会出现"平台特性"。这源于该系统中,中继节点 R 处的 $SINR_R^{DF}=\gamma_A+\gamma_B$,即 R 处的信噪比始终强于 A、B 节点中最好的那个节点的信噪比,并且其最终的系统速率如表达式(5.13)、式(5.14)及式(5.19)所示。故当 SNR_B 很低时,SNR_A 值在较大时会保证 A 节点可以正确接收 B 节点发送的比特,即有 1 的归一化吞吐速率。而当 SNR_B 很高时,即使 SNR_A 很低时,也可保证 B 节点可以正确接收 A 节点发送的比特,即有 1 的归一化吞吐速率。

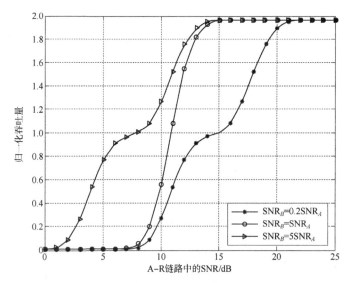

图 5.9　非对称信道下 FD-DF 方案的归一化速率对比

图 5.10 给出了在非对称信道下 FD-AF 方案的归一化速率对比。从图中可以看出，在信道不对称时，FD-AF 系统归一化吞吐速率曲线的表现区别于FD-DF 方案。其对信噪比恶化的情况更敏感。当 $SNR_B = 5SNR_A$ 时，曲线会左移，若达到相同的归一化速率，$SNR_B = SNR_A$ 的情况需要额外 2 dB 左右的增益。若 $SNR_B = 0.2SNR_A$，曲线会右移，若达到与 $SNR_B = SNR_A$ 情况下相同的归一化速率，需要额外 5 dB 左右的增益。

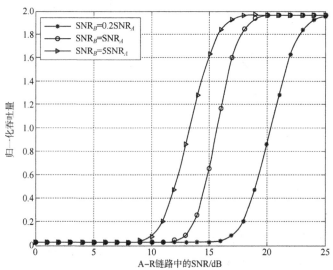

图 5.10　非对称信道下 FD-AF 方案的归一化速率对比

5.6 本章小结

本章首先介绍了双向中继信道下的信息交换机制,指出由于节点工作在半双工状态的限制,已提出的物理层网络编码及模拟网络编码最低只能在两个时隙完成一比特信息交换。基于此,本章提出了全双工的译码转发机制及放大转发机制。所提出的两种机制,可以近似在一时隙内完成 1 比特的信息交换,并完成了相应的数学建模,以及系统吞吐速率的分析。

根据相关理论分析,给出了对称信道和非对称信道下的仿真结果。

对于对称信道:

(1) 在低信噪比区域(如 SNR = 22 dB):CONV 方案优于其他方案,且当 N 足够大时,FD-DF 与 FD-AF 方案性能皆随着交换比特数量 N 的增加而下降。

(2) 在中信噪比区域(如 SNR = 14 dB):FD-DF 方案优于其他方案,FD-AF 方案最差,且当 N 足够大时,FD-DF 方案性能随着交换比特数量 N 的增加而提升,FD-AF 方案性能随着交换比特数量 N 的增加而下降。

(3) 在高信噪比区域(如 SNR = 9 dB):FD-DF 与 FD-AF 方案最优,且两者的系统表现皆随着交换比特数量 N 的增加而提升。

对于非对称信道:

(1) FD-DF 方案表现出了一定的"平台效应",即在信道不对称的情况下,信道条件良好的一侧总能保证 1 比特的信息交换。

(2) FD-AF 方案对信道条件的恶化更加敏感,在信噪比提升或降低相同程度时,信噪比降低对系统的影响更加明显。

第 6 章

全双工在 6G 的应用场景分析

如文献[2,3]所述，带内全双工技术作为 6G 的未来潜在关键备选技术，其具有广泛的应用场景。在深入分析全双工在 6G 的应用场景前，对 6G 发展驱动力及典型特征、6G 关键能力进行分析是十分必要的。本章将引用 IMT2030 工作组相关研究成果，并分析全双工在 6G 通信中的典型应用场景。

6.1 6G 发展驱动力及典型特征

面向 2030 年及未来，人类社会将进入智能化时代，数字世界与物理世界将无缝融合，社会服务均衡化、高端化，社会治理科学化、精准化，社会发展绿色化、节能化将成为未来社会发展趋势。经济、社会、环境的可持续发展以及技术的创新演进将驱动移动通信技术持续从 5G 向 6G 迭代升级，推进 6G 向泛在互联、普惠智能、多维感知、全域覆盖、绿色低碳、安全可信等方向拓展。

在 6G 发展驱动力方面，一是经济可持续发展驱动力，二是社会可持续发展驱动力，三是环境可持续发展驱动力，四是技术创新发展驱动力。

在 6G 典型特征方面，6G 作为新一代智能化综合数字信息基础设施，将与人工智能、大数据、先进计算等信息技术交叉融合，实现通信与感知、计算、控制的深度耦合，具备泛在互联、普惠智能、多维感知、全域覆盖、绿色低碳、内生安全等典型特征。一是泛在互联，6G 将从支持人与人、人与物的连接，进一步拓展到支持智能体的高效连接，构建智能全连接世界。二是普惠智能，人工智能将助力 6G 实现网络性能跃升，融合通信、计算、感知等能力支持各类智能化服务。三是多维感知，6G 将具有原生的感知能力，可以利用通信信号实现对目标的定位、检测、成像和识别等感知功能，获取周围物理环境信息，挖掘通信能力，增强用户体验。四是全域覆盖，6G 将融合地面基站、中高空飞行器、卫星等各类网络节点，实现空天地网络融合以及全球无缝地理覆盖。五是绿色低碳，6G 将以绿色低碳作为网络设计的基本准则，通过在技术创新、系统设计、网络运维等多个环节融入节能理念，降低 6G 自身能耗，同时赋能行业低碳发展。六是内生安全，6G 将通过构建内生安全机制、增强设备安全能力协同等，有效提升网络安全与数字安全。

6.2　6G 市场趋势

随着我国消费互联网和工业互联网的深入发展，ICDT 等数字技术不断融合，移动通信网络内涵进一步丰富，涌现出一批新功能、新业务，加快推动 5G 向 6G 演进和发展。IMT-2030（6G）推进组预测，面向 2030 年商用的 6G 网络中将涌现出智能体交互、通信感知、普惠智能等新业务、新服务，预计到 2040 年，6G 各类终端连接数相比 2022 年，增长超过 30 倍，月均流量增长超过 130 倍，最终为 6G 带来"千亿级终端连接数，万亿级 GB 月均流量"的广阔市场发展空间。

在 6G 市场的主要特征方面，文献[3]做了两方面预测。预测 1：从终端数量看，预计 2040 年，智能手机业务保持稳定增长态势，物联网终端将呈现千亿级爆发式增长、连接数占比超过 98%。一方面，传统智能手机业务将在 6G 时期保持稳步增长，预计到 2040 年，我国移动用户数约 20 亿，相比 2022 年，增长超过 20%。另一方面，面向智能生活和面向工业生产的物联网终端设备将呈现爆发式增长，总体连接规模高达 1 187 亿。其中，面向智能生活的物联网终端将覆盖个人消费、零售支付等应用，到 2040 年连接规模达 311 亿，相比 2022 年增长近百倍。面向工业生产的物联网终端将融合无线感知、人工智能、数字孪生等新技术，广泛赋能汽车、能源、医疗、工业、远程监测、智慧城市、交通物流等行业领域，预计 2040 年连接规模将超过 876 亿，深层次激发工业互联网发展潜力。预测 2：从月均流量看，预计 2040 年，基于 XR 设备、全息设备等新型终端设备的沉浸式业务快速发展，有望贡献超过一半的月均流量。预计到 2040 年，新型终端设备数量规模将接近 7 亿台，其中 XR 设备、全息设备等面向沉浸式业务的产品趋于成熟，月均流量将突破三万亿吉比特，贡献超过一半的 6G 月均总流量。

同时，在 6G 的新兴业务市场方面，6G 将构建人机物智慧互联、智能体高效互通的新型网络，智慧内生、多维感知、数字孪生、安全内生等新功能将成为带动终端和流量市场快速增长的重要驱动力。预计到 2040 年，具备 6G 新型感知能力的移动通信设备渗透率将超 10%，实现人、机、物等与环境的深度融合；支持 6G 智能服务的智能体设备在移动通信设备中占比超过 15%，实现普惠智能化服务。

一是将出现通信感知业务市场和智能体业务市场。其中，通信感知业务市场，无线感知应用走向精细化，到 2040 年，通感设备规模将超百亿台，渗透率超过 10%。从市场需求看，一方面，数字化社会转型带来通信感知业务发展机遇，无人机探测、智慧交通等场景需求强烈，市场空间广阔，感知设备数将迎来爆发性增长；另一方面，随着 6G 网络感知能力的不断提高，高精度定位、环境成像、动作及表情识别等各类应用数量及规模也将不断扩大。二是智能体业务市场，智能化服务将融入生产生活各领域，到 2040 年，智能体设备规模近 200 亿台，渗透率超过 15%。从市场需求看，智能体业务将从个人及家庭类、工业制造类、社会服务类等三大类应用赋能，广泛覆盖教育、娱乐、家务、工业生产、医疗、物流、交通、农业生产等各领域。

6.3 6G 关键能力

6G 关键能力指标可以分为性能指标、效率指标、安全指标。性能指标体现为从用户需求的角度出发，需要未来 6G 提供的关键性能水平。效率指标则主要从网络运营和可持续发展需求的角度出发，提出未来 6G 系统需达到的效能指标。

在关键性能指标方面，主要包含体验速率、峰值速率、流量密度、空口时延、同步和抖动、连接数密度、移动性、可靠性、覆盖、感知/定位精度、AI 服务精度等。

在关键效率指标方面，6G 需要大幅提高网络部署和运营的效率，支撑可持续性发展。推动绿色低碳转型是全球共同目标，也是 ICT 产业可持续发展的必然趋势。6G 将以绿色低碳作为网络设计的基本准则，既降低 6G 自身能耗，也赋能行业低碳发展。为此，6G 将在系统设计、技术创新、产品设计、网络运维等多个环节融入节能减排理念，助力绿色可持续发展。结合网络能耗支出和 ICT 技术赋能减排等因素，预计 2040 年 6G 网络的能量效率相比 2022 年移动通信网络提升约 20 倍。

在安全指标方面，信息技术的跨界融合和服务场景多样化对网络可信提出新的挑战，需要从设计初始就构建一张能够满足安全泛在、持久隐私保护、智能韧性的可信网络。可信涵盖了网络安全（Security）、隐私（Privacy）、韧性（Resilience）、功能安全（Safety）、可靠性（Reliability）等多个方面。可信内生即与生俱来的可信，其可信特征与网络、业务同步产生、发展和量身定制，实现 6G 网络的自我免疫、主动防御、安全自治、动态演进等能力，有效满足不同业务场景的差异化安全需求。

特别地，6G 将频谱效率作为关键效率指标，这也是全双工技术着力解决的技术要点。

6.4 全双工在 6G 中的应用场景

增强移动宽带、海量物联网、低时延高可靠是 5G 的三大典型场景，IMT-2030（6G）推进组认为，面向 2030 年及未来的 6G 将在 5G 三大典型场景基础上深化，构建超级无线宽带、超大规模连接、极其可靠通信能力，并拓展感知和智能服务新场景，即通信感知融合和普惠智能，普惠智能还将赋能其他场景，实现网络性能和服务能力跃升。此外，6G 服务范围将扩展至空天地，实现全球立体覆盖。

其中，由于全双工技术可以极大地提升频谱利用效率，可以节省相同数据量的传输时间，在超级无线大带宽的场景下，具备广泛应用的场景。同时，由于其可以同时同频进行上下行传输，在相同频谱资源的条件下，可使得更多的终端设备密集接入，因此，其在超大规模连接的场景也具备广泛的应用场景。

6.4.1 超级无线大带宽场景

超级无线宽带是对 5G 通信中所提到的增强移动宽带场景（enhanced Mobile Broadband，eMBB）的演进和扩展，在峰值速率、用户体验速率、系统容量、频谱效率方面等又提出了更高的要求。该场景将极大地提升用户在生活、体育、娱乐、教育等多场景下的应用体验，解决 5G 中目前在超高清视频、全息影像、无尾 AR/VR 等场景中遇到的卡顿、时延等方面的痛点问题。

如 5G 中所提到的 AR/VR 等场景，将全面升级为 6G 所描述的 XR 领域，更强调内容产生或传输向超高清、3D、沉浸式、实时互动等方面的发展。XR 将全面覆盖用户生产、生活的各个环节，代替目前所需的线下面对面环节，并实施到金融、体育、安防、制造等各个垂直行业，助力各行业数字化转型。同时，由于低时延、大带宽的特性，XR 将不局限于单一内容的下行传输，还更多地扩展到业务上行的场景，通过捕捉用户的语音、手势、头眼等动作，将用户的复杂指令低时延地传输到服务端开展业务。

进一步，全息通信将作为 6G 无线大带宽场景下的典型应用逐步应用在用户各种生产生活中。全息通信区别于传统的语音及视频交互技术，其可以更多的逼真、自然地还原包括物理场景中的多维度信息，打造学习、娱乐、办公等全新的用户体验。同时，在医疗等垂直行业，全息通信将通过对人体全要素、全维度逼真的还原，创造极致沉浸的用户体验。由于其还原真实的物理世界，故需要更大的数据传输速率和更高的峰值速率。

除了视觉和听觉交互体验的全面提升，6G 还将更加注重触觉、味觉、嗅觉互联的全面提升。这对于新材料、智能制造、生物医疗等研究领域，都将带来极大的体验。

6.4.2 超大规模连接的场景

超大规模连接将在 5G 海量物联网通信（massive Machine Type Communication，mMTC）的基础上，拓展全新的领域和应用边界。超大规模的连接将使得成千上万的设备部署在有限的地理环境中，这也对通信的频谱利用率提出全新的要求。其所预期打造的应用场景，将可能被应用在智慧城市、智慧农业、智能制造等多方面的场景中。同时，百千万设备中所产生的差序流量，将对 6G 无线通信的可靠性、低时延、高频谱利用率提出了更高的要求。无线全双工通信技术由于其可以同时同频地发送和接收信号，其可将 5G 中的频谱利用率再提升一倍，预计将在超大规模连接的场景中产生更大的应用前景。

如在数字孪生的场景，随着感知、通信和人工智能技术的不断发展，物理世界中的实体或过程将在数字世界中得到数字化镜像复制，人与人、人与物、物与物之间可以凭借数字世界中的映射实现智能交互。未来 6G 时代将进入虚拟化的孪生数字世界，应用领域包括工业领域的数字域优化产品设计、城市领域的城市数据大脑建设、医疗领域的数字孪生人、农业领域的生产过程模拟和推演、网络管理领域的数字孪生网管等。以数字孪生城市为例，基于海量传感器、高清视频监控、无线感知等手段采集数据并进行高精度模拟，能够实现对数字城市的监测、诊断、预测，从而辅助对物理城市的精细化管控，助力构建新型智慧城市。数字孪生将对 6G 网络的架构和能力提出诸多挑战，需要满足巨大的设备连接数、高吞吐量、低时延传输，以便能够精确、实时地捕捉物理世界的细微变化和传输交互信息。在集中式和分布式架构下均可进行数据采集、存储、处理、训练和模型生成。

第 7 章
总结与展望

7.1 总　　结

无线全双工通信技术已被列为第六代移动通信的关键技术,因其可大幅度地提升频谱的利用效率而被广泛研究。本书通过文献调研,在总结了现阶段无线全双工通信系统中自干扰信号的处理方法的基础上,提出了基于多径反射的被动消除方法、基于牛顿法的非线性数字消除方法,并定性地探讨了联合被动消除和数字消除方法的机制。在此基础之上,利用先进的无线开放平台实现了低复杂度的全双工通信系统,并进行了大量的实验,以验证其相较于半双工通信系统的优越性。最后探讨了全双工的双向中继信道信息交换机制,提出了全双工译码转发方案及全双工放大转发方案,并进行了理论分析和实验仿真。

本书研究成果如下:

1. 提出了一种基于多径反射的被动消除方法

(1) 推导了该方法下接收信号功率在平面空间的表达式,并给出了寻找接收天线最佳位置的方法。

(2) 仿真表明,该方法在发送天线和接收天线间距离为 2 cm 时,可达到 106 dB 左右的消除性能。

(3) 实验结果表明,该方法在发送天线和接收天线间距离为 10 cm 时,对于 20 MHz 带宽的 OFDM 信号,可达到 47 dB 左右的消除性能。

2. 提出了一种基于牛顿法的非线性数字消除方法

(1) 针对实验设备中典型的自干扰通信链路进行数学建模,建模结果表明,其为一个典型的 Hammerstein 非线性系统。

(2) 探讨了自干扰信号的非线性建模的最佳多项式形式。实验结果表明,建模中引入三次谐波分量,在发送功率为 30 dBm 时,数字消除性能可以提升 2.8 dB。

(3) 实验结果表明，所提出的非线性数字消除方法相比线性数字消除方法，随着发送功率的提升，所带来的消除性能增益越明显。在发送功率为 20 dBm 时，其可以带来近 3 dB 的增益，达到 30 dB。

3. 提出了联合被动消除和数字消除机制

(1) 探讨了联合被动消除和数字消除机制的基础和必要性。

(2) 从信道的时延和相干带宽角度定性地提出了一种联合被动消除和数字消除机制。

4. 构建了低复杂度的无线全双工通信系统

(1) 利用 WARP V3 搭建了低复杂度全双工通信系统，设计了系统的帧格式、同步方案、载波偏移消除方案。

(2) 节点间距离固定：在节点间距离为 10 m，并且视距信道前提下，发送功率小于 17 dBm 时，该无线全双工通信系统的系统表现皆优于相同环境下的半双工无线通信系统。

(3) 节点发送功率固定：在视距信道下，节点间发送功率为 2 dBm 时，该无线全双工通信系统在 50 m 范围内的系统表现皆优于相同环境下的半双工无线通信系统；在非视距信道下，节点间发送功率为 6 dBm 时，该无线全双工通信系统在 8 m 范围内的系统表现皆优于相同环境下的半双工无线通信系统。

5. 提出了全双工双向中继信道信息交换机制

(1) 提出了双向中继信道下的全双工译码转发机制，并对其系统吞吐速率进行了推导。

(2) 提出了双向中继信道下的全双工放大转发机制，并对其系统吞吐速率进行了推导。

(3) 对于对称信道，在低信噪比区域：当 N 足够大时，FD-DF 与 FD-AF 方案系统吞吐速率皆随着交换比特数量 N 的增加而下降；在中信噪比区域：FD-DF 方案优于其他方案，FD-AF 方案最差，且当 N 足够大时，FD-DF 方案性能随着交换比特数量 N 的增加而提升，FD-AF 方案性能随着交换比特数量 N 的增加而下降；在高信噪比区域：FD-DF 与 FD-AF 方案最优，且两者的系统表现皆随着交换比特数量 N 的增加而提升。

(4) 对于非对称信道，FD-DF 方案表现出了一定的"平台效应"，即在信道不对称的情况下，信道条件良好的一侧总能保证 1 比特的信息交换；FD-AF 方案对信道条件的恶化更加敏感，在信噪比提升或降低相同程度时，信噪比降低对系统的影响更加明显。

7.2 展　　望

本书总结了现阶段国内外全双工技术的自干扰技术消除研究现状。同时，介绍了全双工中涉及无线通信的具体问题，并着重研究了两节点间的全双工通信技术，且主要集中在物理层。未来的研究方向可以围绕以下方面展开：

1. 主动消除技术方面

大规模 MIMO 天线的全双工系统研究。大规模 MIMO 也是 5G、6G 通信中提高频谱效率的关键技术，因此，将全双工和 MIMO 结合，将在提高频谱利用率及传输速率等方面发挥巨大潜力。

现有的射频自干扰抑制电路中，抽头延时采用线缆替代实现，当自干扰信道中存在大延时多径时，线缆长度需求高达百米量级，如何设计实现大抽头延时器或寻求替代干扰抑制方案成为全双工收发信机走向小型化、更具现实竞争力的一大突破点。

主动消除技术集成度更高。从实用化、商用化角度考虑，后续应研究集成光路的 OSIC 芯片制备，使 OSIC 功能可以在很小规模的芯片上完成，实现微型化和低功耗。

2. 被动消除技术方面

时变自干扰信道下的被动消除技术。由于自干扰信道存在环境反射分量，这些反射分量具有时变特性。时变自干扰信道自干扰抑制问题包括：自干扰信道时变分量的统计分布特性、根据信道特性优化空域自干扰抑制算法。

发射机功率损耗。同时同频全双工被动消除，对多天线自干扰信号进行幅相调整，然后进行叠加，以降低自干扰信号的功率。但幅相调整和叠加操作可能会产生大量的功率损耗，降低发射机能量效率。如何降低同时同频全双工的功率损耗是未来被动消除的一个研究方向。

同时，还应注重实际全双工通信系统中的工程实现约束问题。实际中的模拟器件具有诸多的非理想特性，如可调器件的精度、准确度、调节范围和非线性。除了在主动消除领域和数字消除领域，将非线性因素考虑进去，能否在被动消除阶段，考虑模拟器件的非理想特性是未来空域自干扰抑制的一个研究点。

3. 数字消除技术方面

信道条件快速变化下的数字消除技术方面。在残留自干扰信道快速变化的场景，例如全双工电台高速运动、反射环境快速变化导致残留自干扰信道快速变化，研究能够快速跟踪自干扰信道变化的数字抑制技术，提高自干扰抑制的稳定性。

4. 全双工天线设计方面

目前，国内外主流的全双工无线通信原型验证主要集中在 6 GHz 以下的 2.4 GHz 频段，所设计的天线的工作频率也大多没有超过 6 GHz。目前，对 6G 通信的研究如火如荼，许多机构对 6G 天线展开了许多研究，并提出了许多服务于未来 6G 通信系统的天线。能否将 6G 毫米波的相关特性应用在全双工天线设计方面，更好地服务高频甚至毫米波的无线全双工通信系统。

5. 全双工介质访问控制层协议设计

由于无线全双工通信可以释放节点间发送和接收的自由度，故其可以解决隐藏终端问题。当物理层自干扰信号的消除方案能够取得良好的结果后，MAC 层协议的设计就至关重要。全双工方式带来组网方式的变革，如何研究这一全新的双工方案的优势仍需进一步探索。如在 HARQ 方案中，如何在系统级别在不同到达速率下选取下行传输速率，在时延和吞吐量间折中，对帧长与分层数进行优选，都是需要进一步研究的问题，当前的研究仅提供了方案可行性初步探讨，深入的参数设计与优化仍需完成。

6. 全双工组网

当点对点通信中解决了全双工通信问题后，全双工组网问题就亟待解决。全双工技术改变了网络频谱使用的传统模式，将会带来无线资源管理的技术革新，需要与之匹配高效的网络体系架构。全双工组网问题如全双工基站与半双工终端混合组网的架构设计、全双工网络资源管理问题、全双工在其他网络模式下的系统性能增益有待进一步深入研究，包括蜂窝网络、无线自组织网络等都值得研究。在蜂窝网络下，对大尺度的全网系统性能进行分析与优化，以及对全双工模式带来的共信道干扰进行有效的管理。在无线自组织网络下，考虑利用全双工具备同时收发信息的特性，进行新型的协议设计，从而消除隐藏节点的问题，都可以作为下一步的研究方向。

7. 全双工技术与其他技术的结合

近期，人工智能、大数据等技术的科学研究进展迅速，行业中已有出现通过人工智能技术对无线信道开展估计的研究先例。在未来的全双工技术研究中，可考虑将人工智能中的卷积神经网络（Convolutional Neural Networks，CNN）、长短期记忆网络（long short-term memory，LSTM）等技术与自干扰信道消除技术中的主动消除、数字消除方法进行融合。

8. 全双工技术在垂直场景中的应用

在特定的垂直场景中探索全双工的应用模式，利用全双工可以同时同频上下行通信的优势，结合车联网、智能制造、物联网等垂直场景进行研究。

同时，作为 6G 时代物理层的关键技术，全双工技术为全频段的频谱高效利用提供了有效路径。众所周知，频谱资源是移动通信发展的基础。未来，6G 将持续开发优质可利用频谱，在对现有频谱资源高效利用的基础上，进一步向毫米波、太赫兹、可见光等更高频段扩展，通过对不同频段频谱资源的综合高效利用来满足 6G 不同层次的发展需求。6 GHz 及其以下频段的新频谱仍然是 6G 发展的战略性资源，通过重耕、聚合、共享等手段，进一步提升频谱使用效率，将为 6G 提供最基本的地面连续覆盖，支持 6G 实现快速、低成本网络部署。同时，高频段将满足 6G 对超高速率、超大容量的频谱需求。随着产业的不断发展和成熟，毫米波频段在 6G 时代将发挥更大作用，其性能和使用效率将大幅提升。太赫兹、可见光等更高频段，受传播特性限制，将重点满足特定场景的短距离大容量需求，这些高频段也将在感知通信一体化、人体域连接等场景发挥重要作用。相信，带内全双工技术将在未来 6G 涉及的无线关键技术的发展中占有一席之地。

缩略词表

5G	第五代移动通信技术（5th Generation）
ADC	模数转换器（Analog to Digital Converter）
AF	放大转发（Amplify-and-Forward）
AGC	自动增益控制（Automatic Gain Control）
ANC	模拟网络编码（Analog Network Coding）
AWGN	加性高斯白噪声（Additive White Gaussian Noise）
CC	协同通信（Cooperation Communication）
CCFD	同时同频全双工（Co-Frequency Co-Time Full Duplex）
CDF	累积分布函数图（Cumulative Distribution Function）
CONV	传统双向中继（Conventional bi-directional relaying）
DF	译码转发（Decode-and-Forward）
ENOB	有效转化位数（Effective Number of Bits）
FD	全双工（Full-Duplex）
FD-AF	全双工放大转发（Full Duplex Amplify Forward）
FDD	频分双工（Frequency Division Duplex）
FD-DF	全双工译码转发（Full Duplex Decode Forward）
FDD-LTE	频分-长期演进（Frequency Division Duplex Long Term Evolution）
HD	半双工（Half-Duplex）
LDPC	低密度奇偶校验码（Low Density Parity Check Code）
LMS	最小均方算法（Least Mean Square）
LNA	低噪声放大器（Low Noise Amplifier）
LOS	视距（Line-of-Sight）
LS	最小二乘算法（Least Square）

MBCCL	金属覆铜板（Metal Base Copper Clad Laminate）
MIMO	多输入多输出技术（Multiple-Input Multiple-Output）
MPSK	多进制相移键控（Multiple Phase Shift Keying）
MQAM	多进制正交幅度调制（Multiple Quadrature Amplitude Modulation）
NLOS	非视距（Non Line-of-Sight）
OFDM	正交频分复用（Orthogonal Frequency Division Multiplexing）
PA	功率放大器（Power Amplifier）
PNC	物理层网络编码（Physical Network Coding）
PSK	相移键控（Phase Shift Keying）
RMS	均方根（Root Mean Square）
SDR	软件无线电平台（Software Defined Radio）
SNR	信噪比（signal-to-Noise Ratio）
SSIR	信自干噪比（Signal-to-Self-Interference Radio，SSIR）
TDD	时分双工（Time Division Duplex）
TD-LTE	时分-长期演进（Time Division Long Term Evolution）
TD-SCDMA	时分同步码分多址（Time Division-Synchronous Code Division Multiple Access）
TWRC	双向中继信道（Two Way Relay Channel）
WARP	无线开放可编程研究平台（Wireless Open Access Research Platform）
WCDMA	宽带码分多址（Wideband Code Division Multiple Access）

插图索引

图 1.1　三种双工模式对比示意图 …………………………………………… 2
图 1.2　全双工通信系统框图 ………………………………………………… 8
图 1.3　双向中继信道示意图 ………………………………………………… 13
图 2.1　BPSK 及 QPSK 信号星座图 ………………………………………… 25
图 2.2　16QAM 星座图 ……………………………………………………… 25
图 2.3　ADC 量化示意图 …………………………………………………… 29
图 2.4　电基本振子的坐标 …………………………………………………… 31
图 2.5　采用交叉极化的被动消除方案 ……………………………………… 32
图 2.6　不同增益的天线的方向图示意图 …………………………………… 34
图 2.7　不同振子长度对应的天线方向图 …………………………………… 36
图 2.8　自适应滤波器原理图 ………………………………………………… 43
图 2.9　数字消除算法在自适应横向滤波器中的应用 ……………………… 43
图 2.10　数字消除算法在自适应横向滤波器中的应用 …………………… 56
图 2.11　基于 MZM 的光学自干扰消除方案 ……………………………… 58
图 3.1　基于多径反射的被动消除方法的装置示意图 ……………………… 67
图 3.2　基于多径反射的被动消除方法的原理图 …………………………… 68
图 3.3　接收信号功率 P_{Total} 平面示意图 …………………………………… 70
图 3.4　接收信号功率 P_{Total} 三维示意图 …………………………………… 71
图 3.5　带宽为 20 MHz 的 OFDM 信号的截止频率对应的 $d_0^{\min}$ ………… 72
图 3.6　带宽为 1 000 MHz 的 OFDM 信号的截止频率对应的 $d_0^{\min}$ …… 73
图 3.7　基于多径反射的被动消除方法的实验场景图 ……………………… 73
图 3.8　基于多径反射的被动消除方法的实验方案 ………………………… 74
图 3.9　$d_{\text{LOS}}=10$ cm 时的被动消除实验结果 ……………………………… 75
图 3.10　$d_{\text{LOS}}=20$ cm 时的被动消除实验结果 …………………………… 75
图 3.11　$d_{\text{LOS}}=30$ cm 时的被动消除实验结果 …………………………… 76

图 3.12	自干扰信号基带通信链路模型示意图	77
图 3.13	功率放大器输出信号的功率谱示意图	79
图 3.14	自干扰信号通信链路 Hammerstein 模型	81
图 3.15	基于牛顿法的非线性数字消除方法框图	81
图 3.16	发送功率为 25 dBm 时的四种模型的实验结果	88
图 3.17	发送功率为 30 dBm 时的四种模型的实验结果	89
图 3.18	发送功率为 35 dBm 时的四种模型的实验结果	89
图 3.19	多次谐波分量的数字消除增益	90
图 3.20	发送功率为 15 dBm 时的数字消除性能对比	91
图 3.21	发送功率为 20 dBm 时的数字消除性能对比	91
图 3.22	数字消除在发送功率为 0~20 dBm 时的性能对比	92
图 3.23	本书提出的方法相较于文献[157]中方法的性能增益	92
图 3.24	被动消除下的相干带宽实验框图	93
图 3.25	被动消除对自干扰信道产生的影响	94
图 3.26	联合被动消除和数字消除机制	96
图 3.27	多径功率延迟分布结果	96
图 3.28	基于递归最小二乘的线性数字消除性能	97
图 3.29	不同发送功率下的线性滤波器阶数与数字消除性能对比	98
图 4.1	WARP V3 原理图	102
图 4.2	WARP V3 硬件图	102
图 4.3	WARPLab 框架下的硬件配置	104
图 4.4	低复杂度全双工通信系统实验框图	106
图 4.5	低复杂度全双工通信系统帧格式示意图	107
图 4.6	载波偏移对接收信号的影响	108
图 4.7	低复杂度全双工系统实验场景	109
图 4.8	不同带宽下的被动消除性能	110
图 4.9	不同反射环境下被动消除性能下降对比	112
图 4.10	全双工通信系统与半双工通信系统在不同发送功率下的系统吞吐速率对比	114
图 4.11	在高发送功率下的全双工通信系统与半双工通信系统吞吐速率预测结果	115
图 4.12	视距信道下全双工通信系统与半双工通信系统吞吐速率对比	116
图 4.13	视距信道下全双工通信系统与半双工通信系统吞吐速率对比	116

图 5.1　中继信道下的信息交换机制 …………………………………… 120
图 5.2　物理层网络编码方案与 BPSK 方案误码率对比 ………………… 123
图 5.3　全双工的双向信道信息交换模型 ………………………………… 124
图 5.4　对称信道下 CONV、AF、FD-DF、FD-AF 四种方案的
　　　　归一化速率对比（以 SNR 为自变量，$N=100$，SIR=SNR）…… 132
图 5.5　对称信道下 FD-DF、FD-AF 两种方案的归一化速率对比
　　　　（以 SNR 为自变量，$N=100$，CASE1：SIR=SNR，
　　　　CASE2：SIR=SNR−3 dB）………………………………………… 133
图 5.6　高信噪比下 CONV、AF、FD-DF、FD-AF 四种方案的
　　　　归一化速率对比（以 N 为自变量，SIR=SNR=22 dB）………… 134
图 5.7　中信噪比下 CONV、AF、FD-DF、FD-AF 四种方案的
　　　　归一化速率对比（以 N 为自变量，SIR=SNR=14 dB）………… 134
图 5.8　低信噪比下 CONV、AF、FD-DF、FD-AF 四种方案的
　　　　归一化速率对比（以 N 为自变量，SIR=SNR=9 dB）………… 135
图 5.9　非对称信道下 FD-DF 方案的归一化速率对比 …………………… 136
图 5.10　非对称信道下 FD-AF 方案的归一化速率对比 ………………… 136

表格索引

表 2.1　不同振子长度下的 3 dB 带宽 ·· 35
表 3.1　基于多径反射的被动消除方法理论仿真结果（步长为 1 cm）······ 71
表 3.2　本方法与已有的被动消除方法的比较···································· 76
表 3.3　多次谐波的数字消除增益·· 90
表 4.1　Melissa 的全双工通信系统级实现方案··································· 99
表 4.2　Everett 的全双工通信系统级实现方案································· 100
表 4.3　Choi 的全双工通信系统级实现方案····································· 100
表 4.4　WARP V3 最大缓冲区··· 104
表 4.5　WARP V2 最大缓冲区··· 104
表 4.6　已知的巴克序列表··· 107
表 4.7　帧格式中巴克序列和导频序列作用······································ 108
表 4.8　与交叉极化被动消除性能对比·· 111
表 4.9　总消除性能对比·· 113
表 5.1　Ω_A^{N-1}、Ω_B^{N-1}、Ω_R^{N-1} 时结果·· 125
表 5.2　$\overline{\Omega}_A^{N-1}$、$\overline{\Omega}_B^{N-1}$、$\overline{\Omega}_R^{N-1}$ 时结果·· 125
表 5.3　Ω_A^{N-1}、$\overline{\Omega}_B^{N-1}$、$\overline{\Omega}_R^{N-1}$ 时结果·· 125
表 5.4　$\overline{\Omega}_A^{N-1}$、$\Omega_B^{N-1}$、$\Omega_R^{N-1}$ 时结果·· 126
表 5.5　$\overline{\Omega}_A^{N-1}$、$\Omega_B^{N-1}$、$\overline{\Omega}_R^{N-1}$ 时结果·· 126
表 5.6　Ω_A^{N-1}、$\overline{\Omega}_B^{N-1}$、$\overline{\Omega}_R^{N-1}$ 时结果·· 126
表 5.7　$\overline{\Omega}_A^{N-1}$、$\Omega_B^{N-1}$、$\Omega_R^{N-1}$ 时结果·· 127
表 5.8　Ω_A^{N-1}、$\overline{\Omega}_B^{N-1}$、$\Omega_R^{N-1}$ 时结果·· 127

参 考 文 献

[1] Goldsmith A. Wireless communications[M]. Cambridge: Cambridge University Press, 2005.

[2] IMT-2030(6G)推进组. 6G 总体愿景与潜在关键技术白皮书[R]. 北京:中国信息通信研究院,2021.

[3] IMT-2030(6G)推进组. 6G 典型场景和关键能力白皮书[R]. 北京:中国信息通信研究院,2022.

[4] Radunovic B, Gunawardena D, Key P, et al. Rethinking indoor wireless mesh design: Low power, low frequency, full-duplex[C]. 2010 Fifth IEEE Workshop on Wireless Mesh Networks. IEEE, 2010: 1-6.

[5] Duarte M, Dick C, Sabharwal A. Experiment-driven Characterization of Full-Duplex Wireless Systems[J]. IEEE Transactions on Wireless Communications, 2012, 11(12): 4296-4307.

[6] Duarte M, Sabharwal A. Full-duplex wireless communications using off-the-shelf radios: Feasibility and first results[C]. 2010 Conference Record of the Forty Fourth Asilomar Conference on Signals, Systems and Computers. IEEE, 2010: 1558-1562.

[7] Everett E, Duarte M, Dick C, et al. Empowering full-duplex wireless communication by exploiting directional diversity[C]. 2011 Conference Record of the Forty Fifth Asilomar Conference on Signals, Systems and Computers (ASILOMAR). IEEE, 2011: 2002-2006.

[8] Sahai A, Patel G, Sabharwal A. Pushing the limits of Full-duplex: Design and Real-time Implementation[DB/OL]. (2011).https://arxiv.org/pdf/1107.0607.

[9] Duarte M. Full-duplex wireless: Design, implementation and characterization [D]. USA: Rice University, 2012.

[10] Duarte M, Sabharwal A, Aggarwal V, et al. Design and characterization of a

full-duplex multi-antenna system for WiFi networks[J]. IEEE Transactions on Vehicular Technology, 2014, 63(3): 1160-1177.

[11] Everett E. Full-duplex infrastructure nodes: Achieving long range with half-duplex mobiles[D]. US: Rice University. 2012.

[12] Sabharwal A, Schniter P, Guo D, et al. In-band Full-duplex Wireless: Challenges and Opportunities[J]. Selected Areas in Communications IEEE Journal, 2014, 32(9): 1637-1652.

[13] Everett E, Sahai A, Sabharwal A. Passive self-interference suppression for full-duplex infrastructure nodes[J]. IEEE Transactions on Wireless Communications, 2013, 13(2): 680-694.

[14] Sahai A, Patel G, Dick C, et al. On the impact of phase noise on active cancellation in wireless full-duplex[J]. IEEE Transactions on Vehicular Technology, 2013, 62(9): 4494-4510.

[15] Choi J I, Jain M, Srinivasan K, et al. Achieving single channel, full duplex wireless communication[C]. Proceedings of the Sixteenth Annual International Conference on Mobile Computing and Networking, 2010: 1-12.

[16] Jain M, Choi J I, Kim T, et al. Practical, real-time, full duplex wireless[C]. Proceedings of the 17th Annual International Conference on Mobile Computing and Networking, 2011: 301-312.

[17] Bharadia D, McMilin E, Katti S. Full duplex radios[C]. Proceedings of the ACM SIGCOMM 2013 Conference on SIGCOMM, 2013: 375-386.

[18] Bharadia D, Katti S. Full duplex {MIMO} radios[C]. 11th USENIX Symposium on Networked Systems Design and Implementation (NSDI 14), 2014: 359-372.

[19] Anttila L, Korpi D, Syrjälä V, et al. Cancellation of power amplifier induced nonlinear self-interference in full-duplex transceivers[C]. 2013 Asilomar Conference on Signals, Systems and Computers. IEEE, 2013: 1193-1198.

[20] Korpi D, Venkatasubramanian S, Riihonen T, et al. Advanced self-interference cancellation and multiantenna techniques for full-duplex radios[C]. 2013 Asilomar Conference on Signals, Systems and Computers. IEEE, 2013: 3-8.

[21] Korpi D, Anttila L, Valkama M. Impact of received signal on self-interference channel estimation and achievable rates in in-band full-duplex transceivers[C]. 2014 48th Asilomar Conference on Signals, Systems and Computers. IEEE, 2014: 975-982.

[22] Korpi D, Tamminen J, Turunen M, et al. Full-duplex mobile device: Pushing the limits[J]. IEEE Communications Magazine, 2016, 54(9): 80-87.

[23] Korpi D, Riihonen T, Syrjälä V, et al. Full-duplex transceiver system calculations: Analysis of ADC and linearity challenges[J]. IEEE Transactions on Wireless Communications, 2014, 13(7): 3821-3836.

[24] Korpi D, Anttila L, Syrjälä V, et al. Widely linear digital self-interference cancellation in direct-conversion full-duplex transceiver[J]. IEEE Journal on Selected Areas in Communications, 2014, 32(9): 1674-1687.

[25] Ahmed E, Eltawil A M, Sabharwal A. Self-interference cancellation with phase noise induced ICI suppression for full-duplex systems[C]. 2013 IEEE Global Communications Conference (GLOBECOM). IEEE, 2013: 3384-3388.

[26] Ahmed E, Eltawil A M, Sabharwal A. Rate gain region and design tradeoffs for full-duplex wireless communications[J]. IEEE Transactions on Wireless Communications, 2013, 12(7): 3556-3565.

[27] Ahmed E, Eltawil A M, Sabharwal A. Self-interference cancellation with nonlinear distortion suppression for full-duplex systems[C]. 2013 Asilomar Conference on Signals, Systems and Computers. IEEE, 2013: 1199-1203.

[28] Roberts I P, Andrews J G, Jain H B, et al. Millimeter-wave full duplex radios: New challenges and techniques[J]. IEEE Wireless Communications, 2021, 28(1): 36-43.

[29] Singh V, Gadre A, Kumar S. Full duplex radios: Are we there yet? [C]. Proceedings of the 19th ACM Workshop on Hot Topics in Networks, 2020: 117-124.

[30] Zhou J, Reiskarimian N, Diakonikolas J, et al. Integrated full duplex radios [J]. IEEE Communications Magazine, 2017, 55(4): 142-151.

[31] Kolodziej K E, Perry B T, Herd J S. In-band full-duplex technology: Techniques and systems survey[J]. IEEE Transactions on Microwave Theory and Techniques, 2019, 67(7): 3025-3041.

[32] Zhou M, Cui H, Song L, et al. Transmit-receive antenna pair selection in full duplex systems[J]. IEEE Wireless Communications Letters, 2013, 3(1): 34-37.

[33] 吴翔宇, 沈莹, 唐友喜. 室内环境下 2.6 GHz 同时同频全双工自干扰信道测量与建模[J]. 电子学报, 2015, 43(1): 1-6.

[34] Zhang Z, Chai X, Long K, et al. Full duplex techniques for 5G networks: self-

interference cancellation, protocol design, and relay selection[J]. IEEE Communications Magazine, 2015, 53(5): 128-137.

[35] Zhang Z, Long K, Vasilakos A V, et al. Full-duplex wireless communications: Challenges, solutions, and future research directions[J]. Proceedings of the IEEE, 2016, 104(7): 1369-1409.

[36] Xiao Z, Xia P, Xia X G. Full-duplex millimeter-wave communication[J]. IEEE Wireless Communications, 2017, 24(6): 136-143.

[37] Li R, Chen Y, Li G Y, et al. Full-duplex cellular networks[J]. IEEE Communications Magazine, 2017, 55(4): 184-191.

[38] 郭天文. 无线通信系统中全双工技术研究[D]. 南京:南京邮电大学, 2019.

[39] Guo Y X, Luk K M. Dual-polarized dielectric resonator antennas[J]. IEEE Transactions on Antennas and Propagation, 2003, 51(5): 1120-1124.

[40] Knox M E. Single antenna full duplex communications using a common carrier[C]. WAMICON 2012 IEEE Wireless & Microwave Technology Conference. IEEE, 2012: 1-6.

[41] Chan Y K, Koo V, Chung B K, et al. A cancellation network for full-duplex front end circuit[J]. Progress In Electromagnetics Research Letters, 2009 (7): 139-148.

[42] Li N, Zhu W, Han H. Digital interference cancellation in single channel, full duplex wireless communication[C]. 2012 8th International Conference on Wireless Communications, Networking and Mobile Computing. IEEE, 2012: 1-4.

[43] Ahmed E, Eltawil A M. All-digital self-interference cancellation technique for full-duplex systems[J]. IEEE Transactions on Wireless Communications, 2015, 14(7): 3519-3532.

[44] Syrjala V, Valkama M, Anttila L, et al. Analysis of oscillator phase-noise effects on self-interference cancellation in full-duplex OFDM radio transceivers[J]. IEEE Transactions on Wireless Communications, 2014, 13(6): 2977-2990.

[45] Aryafar E, Khojastepour M A, Sundaresan K, et al. MIDU: Enabling MIMO full duplex[C]. Proceedings of the 18th Annual International Conference on Mobile Computing and Networking, 2012: 257-268.

[46] Day B P, Margetts A R, Bliss D W, et al. Full-duplex bidirectional MIMO: Achievable rates under limited dynamic range[J]. IEEE Transactions on Signal Processing, 2012, 60(7): 3702-3713.

[47] Barghi S, Khojastepour A, Sundaresan K, et al. Characterizing the throughput gain of single cell MIMO wireless systems with full duplex radios[C]. 2012 10th international symposium on modeling and optimization in Mobile, Ad Hoc and Wireless Networks (WiOpt). IEEE, 2012: 68-74.

[48] Nguyen D, Tran L N, Pirinen P, et al. Precoding for full duplex multiuser MIMO systems: Spectral and energy efficiency maximization[J]. IEEE Transactions on Signal Processing, 2013, 61(16): 4038-4050.

[49] 连瑞娜. 宽带天线新技术及全双工天线的研究[D]. 西安:西安电子科技大学,2018.

[50] Wen D L, Zheng D Z, Chu Q X. A dual-polarized planar antenna using four folded dipoles and its array for base stations[J]. IEEE Transactions on Antennas and Propagation, 2016, 64(12): 5536-5542.

[51] Li Y, Zhang Z, Chen W, et al. Polarization reconfigurable slot antenna with a novel compact CPW-to-slotline transition for WLAN application[J]. IEEE Antennas and Wireless Propagation Letters, 2010(9): 252-255.

[52] Liu Y, Xia X G, Zhang H. Distributed space-time coding for full-duplex asynchronous cooperative communications[J]. IEEE Transactions on Wireless Communications, 2012, 11(7): 2680-2688.

[53] Li Z, Peng M, Wang W. A network coding scheme for the multiple access full-duplex relay networks[C]. 2011 6th International ICST Conference on Communications and Networking in China (CHINACOM). IEEE, 2011: 1132-1136.

[54] Ivashkina M, Andriyanova I, Piantanida P, et al. Erasure-correcting vs. erasure-detecting codes for the full-duplex binary erasure relay channel[C]. 2012 IEEE International Symposium on Information Theory Proceedings. IEEE, 2012: 945-949.

[55] An C, Ryu H G. Simultaneous single-band duplex system using self-interference cancellation[C]. 2013 International Conference on ICT Convergence (ICTC). IEEE, 2013: 476-479.

[56] Anghel P A, Kaveh M. Exact symbol error probability of a cooperative network in a Rayleigh-fading environment[J]. IEEE Transactions on Wireless Communications, 2004, 3(5): 1416-1421.

[57] Hasna M O, Alouini M S. End-to-end performance of transmission systems

with relays over Rayleigh-fading channels[J]. IEEE transactions on Wireless Communications, 2003, 2(6): 1126-1131.

[58] Larsson P, Johansson N, Sunell K E. Coded bi-directional relaying[C]. 2006 IEEE 63rd Vehicular Technology Conference. IEEE, 2006, 2: 851-855.

[59] Zhang S, Liew S C, Lam P P. Hot topic: Physical-layer network coding[C]. Proceedings of the 12th Annual International Conference on Mobile Computing and Networking, 2006: 358-365.

[60] Katti S, Gollakota S, Katabi D. Embracing wireless interference: Analog network coding[J]. ACM SIGCOMM Computer Communication Review, 2007, 37(4): 397-408.

[61] Riihonen T, Werner S, Wichman R, et al. On the feasibility of full-duplex relaying in the presence of loop interference[C]. 2009 IEEE 10th Workshop on Signal Processing Advances in Wireless Communications. IEEE, 2009: 275-279.

[62] Zhong B, Zhang D, Zhang Z, et al. Opportunistic full-duplex relay selection for decode-and-forward cooperative networks over Rayleigh fading channels[C]. 2014 IEEE International Conference on Communications (ICC). IEEE, 2014: 5717-5722.

[63] Kang Y Y, Kwak B J, Cho J H. An optimal full-duplex AF relay for joint analog and digital domain self-interference cancellation[J]. IEEE Transactions on Communications, 2014, 62(8): 2758-2772.

[64] Suraweera H A, Krikidis I, Zheng G, et al. Low-complexity end-to-end performance optimization in MIMO full-duplex relay systems[J]. IEEE Transactions on Wireless Communications, 2014, 13(2): 913-927.

[65] Zheng G. Joint beamforming optimization and power control for full-duplex MIMO two-way relay channel[J]. IEEE Transactions on Signal Processing, 2014, 63(3): 555-566.

[66] Wang Q, Dong Y, Xu X, et al. Outage probability of full-duplex AF relaying with processing delay and residual self-interference[J]. IEEE Communications Letters, 2015, 19(5): 783-786.

[67] 胡仲伟. 全双工通信场景中无线携能关键技术研究[D]. 北京:北京邮电大学. 2019.

[68] Okandeji A A, Khandaker M R A, Wong K K. Wireless information and power transfer in full-duplex communication systems[C]. 2016 IEEE International

Conference on Communications (ICC). IEEE, 2016: 1-6.

[69] Zeng Y, Zhang R. Full-duplex wireless-powered relay with self-energy recycling[J]. IEEE Wireless Communications Letters, 2015, 4(2): 201-204.

[70] Wen Z, Liu X, Beaulieu N C, et al. Joint source and relay beamforming design for full-duplex MIMO AF relay SWIPT systems[J]. IEEE Communications Letters, 2016, 20(2): 320-323.

[71] Liu H, Kim K J, Kwak K S, et al. Power splitting-based SWIPT with decode-and-forward full-duplex relaying[J]. IEEE Transactions on Wireless Communications, 2016, 15(11): 7561-7577.

[72] Csiszár I, Korner J. Broadcast channels with confidential messages[J]. IEEE Transactions on Information Theory, 1978, 24(3): 339-348.

[73] Li L, Chen Z, Fang J. On secrecy capacity of Gaussian wiretap channel aided by a cooperative jammer[J]. IEEE Signal Processing Letters, 2014, 21(11): 1356-1360.

[74] Li W, Ghogho M, Chen B, et al. Secure communication via sending artificial noise by the receiver: Outage secrecy capacity/region analysis[J]. IEEE Communications Letters, 2012, 16(10): 1628-1631.

[75] Zhou Y, Xiang Z Z, Zhu Y, et al. Application of full-duplex wireless technique into secure MIMO communication: Achievable secrecy rate based optimization[J]. IEEE Signal Processing Letters, 2014, 21(7): 804-808.

[76] Akgun B, Koyluoglu O O, Krunz M. Exploiting full-duplex receivers for achieving secret communications in multiuser MISO networks[J]. IEEE Transactions on Communications, 2016, 65(2): 956-968.

[77] 刘晓龙. 全双工射频无线通信系统关键技术研究[D]. 北京:北京邮电大学, 2017.

[78] Fukumoto M, Bandai M. MIMO full-duplex wireless: Node architecture and medium access control protocol[C]. 2014 Seventh International Conference on Mobile Computing and Ubiquitous Networking (ICMU). IEEE, 2014: 76-77.

[79] Kim J Y, Mashayekhi O, Qu H, et al. Janus: A novel MAC protocol for full duplex radio[J]. CSTR, 2013, 2(7): 23.

[80] Cheng W, Zhang X, Zhang H. QoS driven power allocation over full-duplex wireless links[C]. 2012 IEEE International Conference on Communications (ICC). IEEE, 2012: 5286-5290.

[81] Radunovic B, Gunawardena D, Proutiere A, et al. Efficiency and fairness in distributed wireless networks through self-interference cancellation and scheduling[J]. Microsoft Research, Cambridge, UK, Technical Report MSR-TR-2009-27, 2009.

[82] Singh N, Gunawardena D, Proutiere A, et al. Efficient and fair MAC for wireless networks with self-interference cancellation[C]. 2011 International Symposium of Modeling and Optimization of Mobile, Ad Hoc, and Wireless Networks. IEEE, 2011: 94-101.

[83] Cheng W, Zhang X, Zhang H. RTS/FCTS mechanism based full-duplex MAC protocol for wireless networks[C]. 2013 IEEE Global Communications Conference (GLOBECOM). IEEE, 2013: 5017-5022.

[84] Tamaki K, Sugiyama Y, Bandai M, et al. Full duplex media access control for wireless multi-hop networks[C]. 2013 IEEE 77th Vehicular Technology Conference (VTC Spring). IEEE, 2013: 1-5.

[85] Ramirez D, Aazhang B. Optimal routing and power allocation for wireless networks with imperfect full-duplex nodes[J]. IEEE Transactions on Wireless Communications, 2013, 12(9): 4692-4704.

[86] Kato K, Bandai M. Routing protocol for directional full-duplex wireless[C]. 2013 IEEE 24th Annual international symposium on personal, indoor, and mobile radio communications (PIMRC). IEEE, 2013: 3239-3243.

[87] 张丹丹, 王兴, 张中山. 全双工通信关键技术研究[J]. 中国科学: 信息科学, 2014, 44(8): 951-964.

[88] Proakis J G, 张力军. 数字通信[M]. 北京: 电子工业出版社, 2003.

[89] Goldsmith A. Wireless Communications[M]. 北京: 人民邮电出版社, 2007.

[90] 周炯槃, 庞沁华, 续大我, 等. 通信原理(第3版)[M]. 北京: 北京邮电大学出版社, 2008.

[91] Riihonen T, Wichman R. Analog and digital self-interference cancellation in full-duplex MIMO-OFDM transceivers with limited resolution in A/D conversion[C]. 2012 Conference Record of the Forty Sixth Asilomar Conference on Signals, Systems and Computers (ASILOMAR). IEEE, 2012: 45-49.

[92] Masmoudi A, Le-Ngoc T. Residual self-interference after cancellation in full-duplex systems[C]. 2014 IEEE International Conference on Communications

(ICC). IEEE, 2014: 4680-4685.

[93] 粟欣,许希斌. 软件无线电原理与技术[M]. 北京:人民邮电出版社, 2010.

[94] Masmoudi A, Le-Ngoc T. A maximum-likelihood channel estimator for self-interference cancelation in full-duplex systems[J]. IEEE Transactions on Vehicular Technology, 2015, 65(7): 5122-5132.

[95] Syrjälä V, Yamamoto K. Sampling jitter in full-duplex radio transceivers: Estimation and mitigation[C]. 2014 IEEE International Conference on Acoustics, Speech and Signal Processing (ICASSP). IEEE, 2014: 2764-2768.

[96] Roederer A, Farr E, Foged L J, et al. IEEE Standard for Definitions of Terms for Antennas: IEEE Std 145-2013[S]. USA: IEEE, 2014.

[97] 宋铮,张建华,黄冶. 天线与电波传播[M]. 西安:西安电子科技大学出版社, 2003.

[98] Balanis C A. Antenna theory: analysis and design[M]. USA: John wiley & sons, 2016.

[99] Rappaport T S. Wireless communications: principles and practice[M]. UK: Cambridge University Press, 1996.

[100] Rappaport T S. Wireless communications: principles and practice[M]. UK: Cambridge University Press, 2024.

[101] 丁玉美,阔永红,高新波. 数字信号处理-时域离散随机信号处理[M]. 西安:西安电子科技大学出版社, 2002.

[102] Kim J, Shamaileh K, Adusumilli S, et al. Digital interference cancellation for multimedia transmission in full duplex communication link[C]. 2013 IEEE International Symposium on Broadband Multimedia Systems and Broadcasting (BMSB). IEEE, 2013: 1-5.

[103] Wang J, Zhao H, Tang Y. A RF adaptive least mean square algorithm for self-interference cancellation in co-frequency co-time full duplex systems[C]. 2014 IEEE International Conference on Communications (ICC). IEEE, 2014: 5622-5627.

[104] 郭宁宁. 面向全双工协作通信的NOMA技术研究[D]. 西安:西安电子科技大学, 2020.

[105] Diamantoulakis P D, Pappi K N, Ding Z, et al. Wireless-powered communications with non-orthogonal multiple access[J]. IEEE Transactions on Wireless Communications, 2016, 15(12): 8422-8436.

[106] Ding Z, Fan P, Poor H V. Impact of user pairing on 5G nonorthogonal multiple-access downlink transmissions[J]. IEEE Transactions on Vehicular Technology, 2015, 65(8): 6010-6023.

[107] Timotheou S, Krikidis I. Fairness for non-orthogonal multiple access in 5G systems[J]. IEEE Signal Processing Letters, 2015, 22(10): 1647-1651.

[108] Ding Z, Yang Z, Fan P, et al. On the performance of non-orthogonal multiple access in 5G systems with randomly deployed users[J]. IEEE Signal Processing Letters, 2014, 21(12): 1501-1505.

[109] Ali M S, Tabassum H, Hossain E. Dynamic user clustering and power allocation for uplink and downlink non-orthogonal multiple access (NOMA) systems[J]. IEEE Access, 2016, 4: 6325-6343.

[110] Men J, Ge J, Zhang C. Performance analysis of nonorthogonal multiple access for relaying networks over Nakagami-m fading channels[J]. IEEE Transactions on Vehicular Technology, 2016, 66(2): 1200-1208.

[111] Wan D, Wen M, Ji F, et al. Cooperative NOMA systems with partial channel state information over Nakagami-m fading channels[J]. IEEE Transactions on Communications, 2017, 66(3): 947-958.

[112] Lv L, Ding Z, Ni Q, et al. Secure MISO-NOMA transmission with artificial noise[J]. IEEE Transactions on Vehicular Technology, 2018, 67(7): 6700-6705.

[113] Do T N, da Costa D B, Duong T Q, et al. Improving the performance of cell-edge users in MISO-NOMA systems using TAS and SWIPT-based cooperative transmissions[J]. IEEE Transactions on Green Communications and Networking, 2017, 2(1): 49-62.

[114] Liang W, Ding Z, Li Y, et al. User pairing for downlink non-orthogonal multiple access networks using matching algorithm[J]. IEEE Transactions on Communications, 2017, 65(12): 5319-5332.

[115] 董旋. 无线网络中基于全双工通信技术的高效并发 MAC 协议设计[D]. 长沙:国防科学技术大学, 2016.

[116] 吴飞. 同时同频全双工空域自干扰抑制关键技术研究[D]. 成都:电子科技大学, 2018.

[117] 鲁宏涛. 同时同频全双工射频自干扰抑制关键技术研究[D]. 成都:电子科技大学, 2016.

[118] Chen T, Liu S. A multi-stage self-interference canceller for full-duplex

wireless communications[C]. 2015 IEEE Global Communications Conference (GLOBECOM). IEEE, 2015: 1-6.

[119] Zhou J, Chuang T H, Dinc T, et al. Reconfigurable receiver with > 20 MHz bandwidth self-interference cancellation suitable for FDD, co-existence and full-duplex applications[C]. 2015 62nd IEEE International Solid-State Circuits Conference, ISSCC 2015 - Digest of Technical Papers. Institute of Electrical and Electronics Engineers Inc., 2015: 342-343.

[120] Zhou J, Chuang T H, Dinc T, et al. Integrated wideband self-interference cancellation in the RF domain for FDD and full-duplex wireless[J]. IEEE Journal of Solid-State Circuits, 2015, 50(12): 3015-3031.

[121] 张云昊. 带内全双工通信中的宽带自适应光学自干扰消除关键技术[D]. 上海:上海交通大学, 2018.

[122] 张志亮. 同时同频全双工数字自干扰抑制关键技术[D]. 成都:电子科技大学, 2016.

[123] Ahmed E, Eltawil A M. On phase noise suppression in full-duplex systems[J]. IEEE Transactions on Wireless Communications, 2014, 14(3): 1237-1251.

[124] Snow T, Fulton C, Chappell W J. Transmit - receive duplexing using digital beamforming system to cancel self-interference[J]. IEEE Transactions on Microwave Theory and Techniques, 2011, 59(12): 3494-3503.

[125] Kabilan A P, Jeyanthi K M. Performance comparison of a modified LMS algorithm in digital beam forming for high speed networks[C]. International Conference on Computational Intelligence and Multimedia Applications (ICCIMA 2007). IEEE, 2007(4): 428-433.

[126] Nasr K M, Cosmas J P, Bard M, et al. Performance of an echo canceller and channel estimator for on-channel repeaters in DVB-T/H networks[J]. IEEE Transactions on Broadcasting, 2007, 53(3): 609-618.

[127] Anand N, Aryafar E, Knightly E W. WARPlab: A flexible framework for rapid physical layer design[C]. Proceedings of the 2010 ACM Workshop on Wireless of the Students, by the Students, for the Students. 2010: 53-56.

[128] Ju H, Oh E, Hong D. Improving efficiency of resource usage in two-hop full duplex relay systems based on resource sharing and interference cancellation[J]. IEEE Transactions on Wireless Communications, 2009, 8(8): 3933-3938.

[129] Bliss D W, Parker P A, Margetts A R. Simultaneous transmission and reception

for improved wireless network performance[C]. 2007 IEEE/SP 14th Workshop on Statistical Signal Processing. IEEE, 2007: 478-482.

[130] Choi D, Park D. Effective self interference cancellation in full duplex relay systems[J]. Electronics Letters, 2012, 48(2): 129.

[131] 刘东林. 同时同频全双工自干扰抑制与管理关键技术[D]. 成都: 电子科技大学, 2019.

[132] Bi W, Su X, Xiao L, et al. Superposition coding based inter-user interference cancellation in full duplex cellular system [C]. 2016 IEEE Wireless Communications and Networking Conference. IEEE, 2016: 1-6.

[133] Bi W, Su X, Xiao L, et al. On rate region analysis of full-duplex cellular system with inter-user interference cancellation[C]. 2015 IEEE International Conference on Communication Workshop (ICCW). IEEE, 2015: 1166-1171.

[134] Wu F, Liu D, Ma W. Mitigation of the inter-node interference in multi-antenna full-duplex networks[J]. AEU-International Journal of Electronics and Communications, 2018, 83: 309-316.

[135] Wu F, Li C, Wang J, et al. An Auxiliary Antenna Based Inter-User Interference Mitigation Approach in Full-Duplex Wireless Networks[J]. Mobile Networks and Applications, 2020, 25(1): 16-22.

[136] Yun J H. Intra and inter-cell resource management in full-duplex heterogeneous cellular networks[J]. IEEE Transactions on Mobile Computing, 2015, 15(2): 392-405.

[137] Alexandropoulos G C, Kountouris M, Atzeni I. User scheduling and optimal power allocation for full-duplex cellular networks[C]. 2016 IEEE 17th International Workshop on Signal Processing Advances in Wireless Communications (SPAWC). IEEE, 2016: 1-6.

[138] Liu Z, Liu Y, Liu F. Joint resource scheduling for full-duplex cellular system [C]. 2015 22nd International Conference on Telecommunications (ICT). IEEE, 2015: 85-90.

[139] Di B, Bayat S, Song L, et al. Radio resource allocation for full-duplex OFDMA networks using matching theory [C]. 2014 IEEE Conference on Computer Communications Workshops (INFOCOM WKSHPS). IEEE, 2014: 197-198.

[140] Nam C, Joo C, Bahk S. Joint subcarrier assignment and power allocation in full-

duplex OFDMA networks[J]. IEEE Transactions on Wireless Communications, 2015, 14(6): 3108-3119.

[141] Psomas C, Mohammadi M, Krikidis I, et al. Impact of directionality on interference mitigation in full-duplex cellular networks[J]. IEEE Transactions on Wireless Communications, 2016, 16(1): 487-502.

[142] Randrianantenaina I, Dahrouj H, Elsawy H, et al. Interference management in full-duplex cellular networks with partial spectrum overlap[J]. IEEE Access, 2017(5): 7567-7583.

[143] 赵闻. 基于极化信息处理的全双工干扰消除技术研究[D]. 北京:北京邮电大学, 2017.

[144] Day B P, Margetts A R, Bliss D W, et al. Full-duplex bidirectional MIMO: Achievable rates under limited dynamic range[J]. IEEE Transactions on Signal Processing, 2012, 60(7): 3702-3713.

[145] Nguyen D, Tran L N, Pirinen P, et al. Transmission strategies for full duplex multiuser MIMO systems[C]. 2012 IEEE International Conference on Communications (ICC). IEEE, 2012: 6825-6829.

[146] Kim T M, Yang H J, Paulraj A J. Distributed sum-rate optimization for full-duplex MIMO system under limited dynamic range[J]. IEEE Signal Processing Letters, 2013, 20(6): 555-558.

[147] Nguyen D, Tran L N, Pirinen P, et al. Precoding for full duplex multiuser MIMO systems: Spectral and energy efficiency maximization[J]. IEEE Transactions on Signal Processing, 2013, 61(16): 4038-4050.

[148] Goyal S, Liu P, Hua S, et al. Analyzing a full-duplex cellular system[C]. 2013 47th Annual Conference on Information Sciences and Systems (CISS). IEEE, 2013: 1-6.

[149] Herath S P, Le-Ngoc T. Sum-rate performance and impact of self-interference cancellation on full-duplex wireless systems[C]. 2013 IEEE 24th Annual International Symposium on Personal, Indoor, and Mobile Radio Communications (PIMRC). IEEE, 2013: 881-885.

[150] Cirik A C, Rong Y, Hua Y. Ergodic mutual information of full-duplex MIMO radios with residual self-interference[C]. 2013 Asilomar Conference on Signals, Systems and Computers. IEEE, 2013: 1618-1622.

[151] Yin B, Wu M, Studer C, et al. Full-duplex in large-scale wireless systems

[C]. 2013 Asilomar Conference on Signals, Systems and Computers. IEEE, 2013: 1623-1627.

[152] Cirik A C, Wang R, Hua Y. Weighted-sum-rate maximization for bi-directional full-duplex MIMO systems[C]. 2013 Asilomar Conference on Signals, Systems and Computers. IEEE, 2013: 1632-1636.

[153] Kim D, Ju H, Park S, et al. Effects of channel estimation error on full-duplex two-way networks[J]. IEEE Transactions on Vehicular Technology, 2013, 62(9): 4666-4672.

[154] Cirik A C, Zhang J, Haardt M, et al. Sum-rate maximization for bi-directional full-duplex MIMO systems under multiple linear constraints[C]. 2014 IEEE 15th International Workshop on Signal Processing Advances in Wireless Communications (SPAWC). IEEE, 2014: 389-393.

[155] Schenk T. RF imperfections in high-rate wireless systems: impact and digital compensation[M]. Germany: Springer Science & Business Media, 2008.

[156] 肖尚辉. 全双工通信宽带收发非线性矫正及同步误差处理技术研究[D]. 成都:电子科技大学, 2022.

[157] Krier J R, Akyildiz I F. Active self-interference cancellation of passband signals using gradient descent[C]. 2013 IEEE 24th Annual International Symposium on Personal, Indoor, and Mobile Radio Communications (PIMRC). IEEE, 2013: 1212-1216.

[158] Arezki M, Benallal A, Meyrueis P, et al. A new algorithm with low complexity for adaptive filtering[J]. Engineering Letters, 2010, 18(3): 205.

[159] University R. WARP Project[DB/OL].(2012). http://warpproject.org.

[160] University R. WARPLab Framework[DB/OL].(2012). http://warpproject.org.

[161] Zhao M, Gao S. An effective passive suppression mechanism for achieving wireless full duplex[C]. 2014 IEEE/CIC International Conference on Communications in China (ICCC). IEEE, 2014: 587-592.

[162] Halperin D, Anderson T, Wetherall D. Taking the sting out of carrier sense: interference cancellation for wireless lans[C]. Proceedings of the 14th ACM International Conference on Mobile Computing and Networking, 2008: 339-350.

[163] Van Der Meulen E C. Three-terminal communication channels[J]. Advances in Applied Probability, 1971, 3(1): 120-154.

[164] Cover T M. Elements of information theory[M]. USA: John Wiley & Sons, 2012.

[165] Cover T, Gamal A E. Capacity theorems for the relay channel[J]. IEEE Transactions on Information Theory, 1979, 25(5): 572-584.

[166] Wu Y, Chou P A, Kung S Y. Information exchange in wireless networks with network coding and physical-layer broadcast[R]. USA: Microsoft Research Redmond, 2004.

[167] Popovski P, Yomo H. Bi-directional amplification of throughput in a wireless multi-hop network[C]. 2006 IEEE 63rd Vehicular Technology Conference. IEEE, 2006(2): 588-593.

[168] Hausl C, Hagenauer J. Iterative network and channel decoding for the two-way relay channel[C]. 2006 IEEE International Conference on Communications. IEEE, 2006(4): 1568-1573.

[169] Katti S, Rahul H, Hu W, et al. XORs in the air: Practical wireless network coding[C]. Proceedings of the 2006 Conference on Applications, Technologies, Architectures, and Protocols for Computer Communications, 2006: 243-254.

[170] Rankov B, Wittneben A. Spectral efficient protocols for half-duplex fading relay channels[J]. IEEE Journal on selected Areas in Communications, 2007, 25(2): 379-389.

[171] Koetter R, Médard M. An algebraic approach to network coding[J]. IEEE/ACM Transactions on Networking, 2003, 11(5): 782-795.

[172] Ahlswede R, Cai N, Li S Y R, et al. Network information flow[J]. IEEE Transactions on Information Theory, 2000, 46(4): 1204-1216.

[173] Song L, Yeung R W, Cai N. Zero-error network coding for acyclic networks[J]. IEEE Transactions on Information Theory, 2003, 49(12): 3129-3139.

[174] Zhang S, Liew S C. Channel coding and decoding in a relay system operated with physical-layer network coding[J]. IEEE Journal on Selected Areas in Communications, 2009, 27(5): 788-796.

[175] Lu K, Fu S, Qian Y, et al. On capacity of random wireless networks with physical-layer network coding[J]. IEEE Journal on Selected Areas in Communications, 2009, 27(5): 763-772.

[176] Nazer B, Gastpar M. Reliable physical layer network coding[J]. Proceedings of the IEEE, 2011, 99(3): 438-460.

[177] Ding Z, Krikidis I, Thompson J, et al. Physical layer network coding and precoding for the two-way relay channel in cellular systems[J]. IEEE

Transactions on Signal Processing, 2010, 59(2): 696-712.

[178] Lu K, Fu S, Qian Y. Capacity of random wireless networks: Impact of physical-layer network coding[C]. 2008 IEEE International Conference on Communications. IEEE, 2008: 3903-3907.

[179] Wang H M, Xia X G, Yin Q. A linear analog network coding for asynchronous two-way relay networks[J]. IEEE Transactions on Wireless Communications, 2010, 9(12): 3630-3637.

[180] Song L, Hong G, Jiao B, et al. Joint relay selection and analog network coding using differential modulation in two-way relay channels[J]. IEEE Transactions on Vehicular Technology, 2010, 59(6): 2932-2939.

[181] Song L, Li Y, Huang A, et al. Differential modulation for bidirectional relaying with analog network coding[J]. IEEE Transactions on Signal Processing, 2010, 58(7): 3933-3938.

[182] Upadhyay P K, Prakriya S. Performance of two-way opportunistic relaying with analog network coding over Nakagami-m fading[J]. IEEE Transactions on Vehicular Technology, 2011, 60(4): 1965-1971.

[183] Li Z, Xia X G, Li B. Achieving full diversity and fast ML decoding via simple analog network coding for asynchronous two-way relay networks[J]. IEEE Transactions on Communications, 2009, 57(12): 3672-3681.